Outliner

アウトライナー実践入門

Writing
Thinking
Process
Product
Top-Down
Bottom-Up
Shake
Listing
Breakdown
Grouping
Level-Up
Sorting
Flow

Tak. 著

技術評論社

はじめに

　みなさんは、普段どのくらい「文章」を書いているでしょうか。仕事でレポートや企画書を書くという方は多いでしょう。プライベートでブログを書いたりFacebookに投稿するという方はもっと多いかもしれません。

　一方で、「仕事で文章なんか書かないし、ブログもやっていないし、自分には関係ないな」と思った方もいるかもしれません。

　でも、現代の生活の中で「書くこと」は、もっとずっと広い意味を持っています。メールはもちろん、今日やることのリストを作る、明日の会議で報告する内容を整理する、顧客に自社製品について説明する、旅行に出発するまでにやらなければならないことを整理する、夕食の献立を考えて買い物リストを作る……どれも広い意味で「書くこと」です。あるいは「考えること」と言い換えてもいいでしょう。

　もしここにあげたような「書くこと」や「考えること」を日常的に行っているなら、アウトライナーは強い味方になってくれます。

「アウトライナーなんか知らない」という方も、「アウトライン・プロセッサー」という言葉なら耳にしたことがあるかもしれません。Microsoft Wordを使っている方なら「アウトライン表示」というモードがあるのを見たことがあるかもしれません。あれがアウトライナーです。

　本書は、アウトライナーを使って「文章を書き、考えること」についての本です。

はじめに

アウトライナーの不思議なところは、多くの人に有用性があるにも
関わらず、驚くほど知られていない、あるいは誤解されているというこ
とです。実際、Wordのアウトラインモードを使いこなしている人は、
Wordの利用人口と比べれば微々たるものでしょう。

　でも、アウトライナーの恩恵を受ける人は、本当はたくさんいます。
それが、広い意味での「書くこと」「考えること」を日常的にしている
人々です。

「書くこと」そして「考えること」に、アウトライナーは絶大な威力を
発揮します。一度その考え方を理解し、馴染んでしまうと手放せなくな
ります。アウトライナーを知らなかった人が何かのきっかけでアウトラ
イナーに触れ、熱狂的なユーザーに変貌していく様子を何度も見てき
ました。私にとって、文章を書いたり考えを整理する上で、アウトライ
ナーを使わないことはもはや考えられません。

　20年以上前にアウトライナーに魅せられて以来、私はアウトライナー
を使い続け、またアウトライナーについて考え続けてきました。

　本書は、2015年5月にAmazon Kindle限定で出版した電子書籍『ア
ウトライン・プロセッシング入門』をベースに、全面的に加筆修正した
ものです。同書で書ききれなかった技法やテクニックを追加するととも
に、アウトラインの見本を多数掲載し、抽象的になりがちなアウトライ
ン・プロセッシングの技術をできるかぎり具体的に「目で見られる」よ
う努めました（そしてもちろん、紙で読めます）。

はじめてアウトライナーに触れる方には、シンプルで奥深いその世界の一端に触れてもらうこと、すでに使っている方には一段とディープなその魅力を知っていただくことが目標です。

　アウトライナーとアウトライン・プロセッシングの深遠な世界へようこそ。それは、あなたの人生を（ほんの少しだけ）変えてしまうかもしれません。

2016年6月吉日

Tak.

contents

はじめに ……… 3

Part 1 アウトライナーと アウトライン・プロセッシング

1.1 アウトラインとアウトライナー ……… 12

1.2 アウトライナーの基本機能 ……… 16

1.3 自由なアウトライン・プロセッシング ……… 22

1.4 プロセス型アウトライナー ……… 27

WorkFlowy を導入する ……… 34

Microsoft Word を導入する ……… 50

Part 2 アウトライン・プロセッシングの 技法

2.1 シェイク ……… 64

Column1 トップダウンとボトムアップを行き来する ……… 70

2.2 アウトライン操作の5つの〈型〉 ……… 71

Part 3 文章を書く

3.1 メモを組み立てて文章化する ……… 86

3.2 自由な発想を文章化する ……… 97

Column2 「補助線」とフリーライティング ……… 105

3.3 視点を切り替えて要約する ……… 107

3.4 複数の書きかけの文章を管理する ……… 113

3.5 「文章エディタ」としてアウトライナーを使う ……… 123

秀逸アウトライナー **OmniOutliner** ……… 130

Part 4 理解する・伝える・考える

4.1 文章を読む ……… 134

Column3 カードとアウトライナー ……… 138

4.2 その場で考える ……… 139

contents

4.3 共有する ……… 142

Column4
ビル・ゲイツがデイブ・ワイナーを買わなかった話 ……… 150

4.4 タスクを扱う ……… 152

4.5 ライフ・アウトライン ……… 162

Column5 借り物じゃない「ミッション」を見つける ……… 174

秀逸アウトライナー **Tree** ……… 176

Part 5 アウトライナーフリーク的アウトライナー論

5.1 アウトライナーフリーク的Word論 ……… 180

5.2 アウトライナーフリーク的発想論 ……… 187

5.3 アウトライナーの新しい呼び名 ……… 193

5.4 〈文章を書き、考える〉ツールとしてのアウトライナーの
誕生 ……… 196

Part 6 〈文章を書き、考える〉アウトライン・プロセッシングの現場

物書きによる物書きのためのWorkFlowy
倉下忠憲さん……… 202

研究者と学生のための知的生産とアウトライナー
横田明美さん……… 213

Part 7 アウトライン・プロセッシングの風景

買い物リストを〈シェイク〉する ……… 226

フリーライティングから文章化する ……… 232

おわりに ……… 268

リーディングリスト ……… 270

Part
1

アウトライナーと
アウトライン・プロセッシング

Part 1はアウトライン・プロセッシングの深遠な世界への
入り口です。アウトライナーはパソコン黎明期からの歴
史あるソフトですが、一方で驚くほど知られていない、
あるいは誤解されているソフトでもあります。アウトライ
ナーとはそもそもどんなソフトなのか。そしてアウトライン・
プロセッシングとは何をすることなのか。アウトライナー
について知っている人も、きっと発見があるはずです。

◎ **Part 1の内容:**

- ○ アウトラインとアウトライナー
- ○ アウトライナーの基本機能
- ○ 自由なアウトライン・プロセッシング
- ○ プロセス型アウトライナー

1 1

アウトラインとアウトライナー

アウトラインとはそもそも何なのか。
アウトライナーとは何をするソフトなのか。
そしてアウトライン・プロセッシングとは何をすることなのか。
意外と知られていない基本について、おさらいします。

伝統的な「文章のアウトライン」

アウトライナーとアウトライン・プロセッシングについての話をする前に、まず「アウトライン」についておさらいしましょう。

英語の「Outline（アウトライン）」には「概略」「概要」「あらまし」「要旨」「骨子」「要点」などの意味がありますが、本書でいう「アウトライン」とは、ひと言でいうと「入れ子状になった箇条書き」のようなものです。

もともと、アメリカの高校や大学の作文教育では文章を書く前にその概要を「アウトライン」の形で検討することが教えられていました。

書き始める前に、「何をどのように書くか」をアウトラインの形で練っておきます。アウトラインに沿って書くことで、論理的でまとまりのある文章を書こうというのです。

もとは修辞学の伝統から生まれ、19世紀から20世紀にかけて学校で教えられるようになったといいます。もちろんコンピュータ以前の時代には、ペンやタイプライターを使って紙に書いていました。

図1-1は、アメリカの高校生向けの文章読本に載っていたアウトラインの例を訳したものです。[*1]

図1-1の内容はいかにも高校生の作文ですが、かなり厳密な形式に則って書かれています。冒頭の「テーゼ」とは「その文章でいいたいこ

***

*1　Nancy White. 2003. Writing Power Third Edition : Kaplan Publishing.

▼図1-1 伝統的な「文章のアウトライン」の例

タイトル　太極拳から学んだこと
テーゼ　太極拳は私にたとえうまくいかなくても挑戦し続けることを教えてくれた

Ⅰ　太極拳について思っていたこと
　　A　簡単に覚えられると思っていた
　　　　1　自分はなんでもすぐに覚えるタイプ
　　　　2　自信があった
　　B　クラスで一番になれると思っていた
　　　　1　だいたい何でも一番だから
　　　　2　一番であることが大事だと思っていた
　　C　先生から誉められると思っていた
　　　　1　他の先生から誉められた経験
　　　　2　賞賛が大切だと思っていた
Ⅱ　現実はどのように期待と異なっていたか
　　A　難しかった
　　　　1　自分はぎこちなく不格好だと感じた
　　　　2　自分よりうまい人がいた
　　B　先生から厳しい評価──誉められなかった
　　　　1　恥ずかしかった
　　　　2　やめたくなった
Ⅲ　その体験をどのように受け止めたか
　　A　練習を続けた
　　B　諦めなかった（先生から「そんなものか?」と言われても）
　　C　先生の講評で話していたのが私のことだとわかった
Ⅳ　学んだこと
　　A　賞賛は重要ではない
　　B　一番価値のあることは簡単には手に入らない
　　C　常に一番である必要はない
　　D　一番重要なのはうまくいかないかもと思っても挑戦を続けること

1-1　アウトラインとアウトライナー

と」です。テーゼをまず宣言し、それを読者に有効に伝えるために必要な内容とその展開を、アウトラインの形で検討します。こうしたものを事前に作って教師へ提出し、了解をもらってから本文を書くように教え込まれたわけです。

　日本でも論文やレポートの書き方のガイドブックでは、以前からアウトラインを使う方法が紹介されていました。

　これが、もともとの意味での「文章のアウトライン」です。

> ■「アウトライン」はもともとアメリカの作文教育で教えられていた、論理的な文章を書くための技法。
> ■日本でも論文やレポートを書くための方法として教えられてきた。

●──アウトライナーとアウトライン・プロセッシング

　アウトライナーは、アウトラインの作成と編集に特化したソフトです。「アウトライン・プロセッサー」とも呼ばれ、アウトラインを効率的に編集・操作するための機能を持っています。専用ソフトと、ワープロやエディタの機能の一部として組み込まれたものがありますが、とりあえず分けずに考えておきましょう。

　アウトライナーそのものはとてもシンプルで単純な発想のソフトです。しかし、アウトライナーが実際にどのように役立つのかを説明することは簡単ではありません。

　それは、アウトライナーが「本当は」何をするソフトか、今ひとつ理解しにくいからでしょう。たとえば、「ワープロは文章を書いて印刷するもの」、「スプレッドシートは集計表で計算するもの」というように、シンプルな説明ができないのです。

「文章のアウトラインを作るソフトではないのか？」と思われるかもしれません。もちろんその通りなのですが、それだけではアウトライナーの本質を理解することはできません。アウトライナーで扱うアウトライ

014　　Part 1　アウトライナーとアウトライン・プロセッシング

ンは、もっとはるかに広い用途と可能性を持っているからです。

　ここでは、アウトライナーを「アウトラインを利用して〈文章を書き、考える〉ためのソフト」だと定義しておきましょう。そして「アウトラインを利用して〈文章を書き、考える〉こと」がアウトライン・プロセッシングです。

> ■アウトライナーとは「アウトラインを利用して〈文章を書き、考える〉」ためのソフト。
> ■アウトライン・プロセッシングとは「アウトラインを利用して〈文章を書き、考える〉」こと。

1　2

アウトライナーの基本機能

アウトライナーの基本機能は３つしかありません。
しかしそのシンプルな機能を組み合わせることで
大きな力が発揮されます。

「アウトライナー」という名前の特定のアプリケーションがあるわけで
はありません。アウトライナーはいわばジャンル名です。さまざまなア
ウトライナーがあり、それぞれ特徴的な機能を持っていますが、すべて
のアウトライナーに共通する基本機能は次の３つです。

- アウトラインを視覚的に表示する機能
- アウトラインを折りたたむ機能
- アウトラインを組み替える機能

アウトラインを視覚的に表示する機能

「アウトラインを視覚的に表示する機能」は、文字通りアウトラインの
階層構造を視覚的に表示する機能です。図１－２は「WorkFlowy」[*2]とい
うクラウドサービスのアウトライナーで表示した本書のアウトラインの
一部です。執筆途中の本書の内容がアウトラインの形式で表示されてい
ます。

---

*2　WorkFlowy：https://workflowy.com/

▼図1-2　アウトライナー（WorkFlowy）で表示した本書のアウトラインの一部

アウトラインを折りたたむ機能

「アウトラインを折りたたむ機能」とは、アウトラインのうち指定した階層以上の項目だけを画面に残して、下位の階層を隠す機能です。文字通り「折りたたんで」いるわけです。

　アウトラインを折りたたむことで、長い文章やリストの全体像を容易に把握できます。図1－3は先ほどの本書のアウトラインを折りたたんで、最上位の階層のみを表示させた様子です。

▼図1-3　アウトラインを折りたたんで最上位の階層のみ表示

　どの部分をどの程度折りたたむかは、自由に選択できます。たとえば「Part 3」と「Part 4」のみを一段下の階層まで展開すると、図1-4のようになります。

▼図1-4　Part 3とPart 4のみを一段下の階層まで展開

アウトラインを組み替える機能

「アウトラインを組み替える機能」は、マウスやキーボードを使ってアウトライン項目を自由に移動し、入れ替える機能です。重要なのは、そのとき指定した項目だけではなく、その下位の項目もいっしょについて移動することです。下位の階層が折りたたまれて画面から消えていても同様です。

たとえば、図1-3のアウトラインの「Part 3」と「Part 4」を入れ替えると、図1-5のようになります（マウスで項目をドラッグします）。

▼図1-5　Part 3とPart 4を入れ替える

展開してみると、図1-6のように折りたたまれていた下位項目も、いっしょに移動していることがわかります。画面上では見えませんが、さらに下位に入っている本文も、もちろん移動しています。

▼図1-6　隠れていた下位項目も入れ替わっている

　つまり、アウトラインを操作することで、長い文章やリストの構成を簡単に組み替えられるのです。

　以上の３つがアウトライナーの基本機能です。他にもいろいろと便利な機能を備えたアウトライナーはありますが、本質的なものはこの３つです。逆にこの３つのうちのどれかが欠けている場合、それはアウトライナーとは呼べません。

　きわめてシンプルです。しかし、このシンプルな機能の組み合わせが、**長い文章や複雑な思考の全体像を把握しコントロールすること**、言い換えれば、〈文章を書き、考える〉ことを助けてくれます。[*3]

---

*3　アウトライナーの基本機能については、go fujita さんによる「Core functions enduing outliners to be dynamic media. December 26 2014」(http://gofujita.net/notes_otlnr_keyfuncs.html) もぜひ読んでみてください。図版も含め素晴らしい解説です。他の記事もお勧めです。

図1-2から図1-6は、本書の執筆途中のアウトラインを再現したものです。「Part 3」も「Part 4」も、実際には2万字以上あります。この分量を画面上で的確に把握し、選択し、カット＆ペーストで編集することは簡単ではありません。何度も繰り返し試行錯誤することを思えばなおさらです。

　そう考えると、アウトライナーがいかに〈文章を書き、考える〉ことの負担を軽減し、サポートしてくれるかがわかります。

> ■「アウトラインを視覚的に表示する機能」「アウトラインを折りたたむ機能」「アウトラインを組み替える機能」というシンプルな3つの機能の組み合わせが〈文章を書き、考える〉ことを助けてくれる。

1 3

自由な
アウトライン・プロセッシング

アウトライナーは「アウトラインを作るためのもの」
「アウトラインから文章を書くためのもの」と
思われがちですが、それではアウトライナーと
アウトライン・プロセッシングの本質は理解できません。

「先にアウトラインを作る」という誤解

アウトライナーの使い方と効用は誤解されがちです。なぜなら、「アウトライナーはアウトラインを作ってから文章を書くためのもの」と一般的に理解されているからです。

たとえばウィキペディア日本語版の「アウトラインプロセッサ」のページ（2016年6月13日時点）の冒頭にはこうあります。

> アウトラインプロセッサ（outline processor）とは、コンピュータで文書のアウトライン構造（全体の構造）を定めてから、細部を編集していくために用いられる文書作成ソフトウェア。英語ではoutlinerという呼称が一般的。

これは、典型的なアウトライナーについての説明です。もちろん間違いではありません。しかし「アウトライン構造を定めてから、細部を編集していく」というのは、紙の時代のアウトラインづくりそのままのイメージです。それはアウトライナーの（そしてアウトライン・プロセッシングの）ほんの一面にすぎません。

アメリカの作文教育で教えられていた「文章のアウトライン」について考えてみましょう。最初にアウトラインの形で構成を考えておくことで一貫性のある論理的な文章を書こう、というのがその主旨です。

Part 1　アウトライナーとアウトライン・プロセッシング

「伝えたいことを読者へ有効に伝えるために文章がどのように始まり、どのように流れ、どのように終わるか。一貫性はあるか」

こうしたことを意識しながらアウトラインを組み立てます。そして、納得のいくアウトラインができてから文章を書き始めます。何をどんな順番で書くかはアウトラインに書かれているので、後は本文を肉付けしていくだけです。

一見すると非常に合理的な方法に思えます。しかし、やってみたことのある人ならわかる通り、この方法が額面通りにうまくいくことはまずありません。

- アウトラインを作ったときには簡単に文章化できそうに思えた内容も、書いてみるとアウトライン以上の内容が出てこない。
- 無理に書こうとすると、いかにも空欄を埋めたような貧弱な文章になってしまう。
- 逆に何かの拍子に筆が走り出すと、今度は決めてあったアウトラインからどんどん逸脱してしまう。

アウトラインとは呼ばなくても、「構成案」や「目次案」に基づいて文章を書こうとして、同じような経験をした人は多いのではないでしょうか。

もちろん事前に完璧なアウトラインを作って、その通りにきっちりと文章を書き上げる人もいます。でもそれは「何のメモもガイドもなく原稿用紙に最初から最後まですらすらと文章を書けてしまう人」と同じ意味で才能に恵まれた人です。私を含む多くの人はそうではありません。「アウトラインを作ってから書く」ということは、言い換えれば「考えてから書く」ということです。しかし、書こうとする内容を事前に完全に決めておくというのは、ほとんどの場合、不可能です。**何をどんなふうに書くべきかは、多くの場合「実際に書くこと」を通じて初めてわかってくるからです。**事前に完璧なアウトラインが作れるようなら、ア

1-3　自由なアウトライン・プロセッシング　　　　　023

ウトラインなど作っていないで、最初から本文を書いたほうが早いでしょう。

　普通の人が事前に決めたアウトラインの通りに書けるのは、よほど単純な内容の文章か、あらかじめ決められた仕様に基づくマニュアルなどに限られます。

　だから、アメリカのハイスクールでのレポート課題のように、「事前にアウトラインを提出して、了承をもらうまで本文を書いてはいけない」「一度アウトラインを承認されたら変更は許されない」などと言われたら、相当な苦痛であることは想像がつきます。

　実際、アメリカではアウトラインがトラウマ化している人が多いらしく、あるMicrosoft Wordのマニュアル本[*4]のアウトラインモードについてのページには、こんな一節があります。

> アウトラインと聞いた途端にハイスクールの作文の授業を思い出してこのセクションを飛ばそうとしている人がいたら、ちょっとだけ待ってください。

　ちなみに、アウトラインの提出期限までに本文を全部書き上げて、アウトラインを後から作る要領のいい学生もいたということです。

> ■アウトライナーは「アウトラインを作ってから文章を書くためのもの」というのは誤解。何をどんなふうに書くべきかは、多くの場合「実際に書くこと」を通じて初めてわかってくる。

＊4　Maria Langer.1995. The Macintosh Bible guide to Word 6: Peachpit Press.

生きたアウトライン

アウトライナーを「先にアウトラインを作るもの」と理解して使おうとすると、多くの場合失望することになります。それでは紙の上のアウトラインでやっていたことと本質的に変わらないからです。いかにアウトライナーを使おうと、アウトラインを先に組み立てるという発想でいる限り、アウトラインに縛られることになります。それはとてももったいないことです。

重要なのは、**紙のアウトラインが「死んだアウトライン」だとすれば、アウトライナーで作るアウトラインは「生きたアウトライン」だという**ことです。

「生きたアウトライン」が画期的なのは、文章を書きながら同時進行でアウトラインを作れることです。そして後からいくらでもアウトラインを修正できることです。つまり**「考えてから書く」のではなく、「考えながら書く」、あるいは「書きながら考える」**ことが可能になったのです。

本文を書いている途中でも、当初のアウトラインがよくなかったと思えば、すぐに修正できます。アウトラインを修正すれば本文全体が連動して組み替わります。

アウトラインを常に確認できるので、「今どのあたりを書いているのか」「足りていないものは何か」というバランスが視覚的につかめます。当初のアウトラインから逸脱しても、その時点の全体像を常に把握できるので、制御不能になることは避けられます。

「死んだアウトライン」が達成するべき「目標」を示すものだったのに対して、「生きたアウトライン」は変化し成長を続ける文章や思考の「現状」を示すものへと変質しているのです。

何より、アウトラインをいつでも組み直せるという感覚が思考の萎縮を防ぎ、自由にのびのびと書くことを可能にしてくれます。一度この感覚に慣れてしまうと、通常のワープロやエディタには戻れなくなってし

まうでしょう。

そして、「生きたアウトライン」は文章を書くことだけではなく、「考える」こと全般に使うことができます。アウトライン形式で表現できるものなら、すべて「生きたアウトライン」の恩恵を受けることができます。

「生きたアウトライン」をアウトライナーで自在に操作して〈文章を書き、考える〉こと。それが自由なアウトライン・プロセッシングです。

- アウトライナーで扱うアウトラインは「生きたアウトライン」。「生きたアウトライン」の上では「考えながら書く」、あるいは「書きながら考える」ことができる。
- 自由なアウトライン・プロセッシングとは「生きたアウトライン」を自在に操作して〈文章を書き、考える〉こと。

1 4

プロセス型アウトライナー

ひと口にアウトライナーといっても、さまざまなタイプがあります。
自由なアウトライン・プロセッシングのための
アウトライナー選びには、いくつかの条件があります。

自由なアウトライン・プロセッシングのためのアウトライナー

ひと口にアウトライナーといってもさまざまなものがあります。「3つの基本機能」を満たしていれば、アウトライナーとしての要件は満たしています。しかし、本書で扱う自由なアウトライン・プロセッシングに適したアウトライナー選びには、いくつかの条件があります。それは「1ペイン方式」であること、そして「見出しと本文を区別しない」ことです。

1ペイン方式であること

アウトライナーには、大きく分けて「1ペイン方式」と「2ペイン方式」があります。

1ペイン方式とは、アウトラインとその内容（文章であれば本文）を区別せず、一体のものとして表示する方式です。初期のアウトライナーから続く伝統的な形式で、Mac用のアウトライナーに多くみられます。

1-4　プロセス型アウトライナー　027

▼図1-7　1ペイン方式のアウトライナーの形

一方2ペイン方式とは、ウィンドウを2つのペイン（区画）に分割し、片方（通常は左ペイン）にアウトラインを、もう片方（右ペイン）に内容を表示する方式です。アウトライン上で項目を選択すると、右ペインにその項目の内容が表示されます。

▼図1-8　2ペイン方式のアウトライナーの形

1ペイン方式と2ペイン方式には一長一短ありますが、本書で扱う自由なアウトライン・プロセッシングに適しているのは1ペイン方式です。

2ペイン方式は、アウトラインと内容を最初から区別し、異なる区画に表示します。この場合のアウトラインとはつまり「見出し」ということになります。

　しかし、自由なアウトライン・プロセッシングとは「考えてから書く」のではなく「書きながら考える」ことです。そして考えている段階では、見出しも内容も渾然一体となっています。その区別は最終段階までわからない（決まらない）こともあるのです。それを最初から区別しようとすれば、思考が縛られてしまいます。

●──見出しと内容を区別しないこと

　さらに、1ペイン方式であっても見出しと内容を区別するタイプのアウトライナーがあります。代表的なものがMicrosoft Wordのアウトライン表示モード（以下アウトラインモード）です。

　図1-9は、執筆途中（2016年1月22日時点）の本書の内容をMac版Word2011の印刷レイアウトモードで表示したものです。印刷したときの見栄えが画面上で再現されています。

▼図1-9　本書の内容をWordの印刷レイアウトモードで表示させた様子

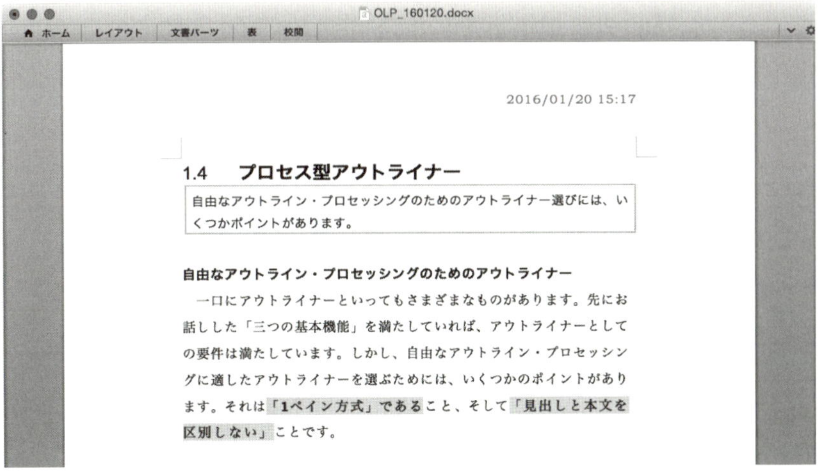

1-4　プロセス型アウトライナー

そして図1-10は同じ内容をアウトラインモードで表示したものです。

▼図1-10　本書の内容をWordのアウトラインモードで表示させた様子

　見出しがそのままアウトライン項目になっていることがわかると思います。Wordのアウトラインモードでは、アウトライン項目は文章の「見出し」と対応しているのです。

　この方式も、2ペイン方式と同じ理由で思考が縛られてしまいます。繰り返しになりますが、自由なアウトライン・プロセッシングの過程では、見出しと内容をはっきりと区別することはできないからです。

プロセス型とプロダクト型

これまでの話は、単なる見た目の話と思われるかもしれません。しかし、これはアウトライナーの設計思想に関わる問題です。そして設計思想はそのアウトライナー上でできること——〈文章を書き、考える〉こと——の質に大きな影響を与えます。

もう一度整理しましょう。自由なアウトライン・プロセッシングに適しているのは「1ペイン方式」で「見出しと内容を区別しない」タイプのアウトライナーです。これは言い換えると、**「すべての項目が等価に扱われ、そのときどきに作られる階層関係によって見出しにもなり、本文にもなる」**ということです。

アウトライン項目が最終的に見出しになるか、内容になるかは、あくまでも結果であり、アウトラインをプロセス（加工）しながらその結果を探っていくことこそが、自由なアウトライン・プロセッシングと呼べるのです。

この条件を満たすアウトライナーを本書では**「プロセス型アウトライナー」**と呼びます。アウトラインをプロセス（加工）すること、そしてアウトライン操作のプロセス（過程）の中から書きたいことや導きたい結論を浮かび上がらせていく使い方に適しているからです。

これに対して、2ペイン方式のアウトライナーや見出しと内容を区別するタイプのアウトライナーを、本書では**「プロダクト型アウトライナー」**と呼びます。アウトラインをプロダクト（完成品）の骨組みと考え、組み立てていく使い方により適しているからです。[*5]

---

*5　プロダクト型アウトライナーがだめだと言っているわけではありません。たとえば Word の方式には「文章の完成型とアウトラインを行き来できる」という大きなメリットがあります。実際、本書の執筆過程の後半では Word を使っています（掲載したアウトラインは再現ではなく本物です）。アウトライナーとしての Word については本書の後半でもう一度詳しくお話しします。

- ■自由なアウトライン・プロセッシングに適しているのは、1ペイン方式で見出しと内容（本文）を区別しない、つまりすべての項目を等価に扱うアウトライナー。これを本書では「プロセス型アウトライナー」と呼ぶ。
- ■逆に見出しと内容（本文）を区別するタイプのアウトライナーを本書では「プロダクト型アウトライナー」と呼ぶ。

2016年のプロセス型アウトライナー・WorkFlowy

本書で扱うアウトライン・プロセッシングのさまざまなテクニックはプロセス型アウトライナーを使うことを前提にしています。2016年1月現在、日本語が問題なく利用できて入手が容易なプロセス型アウトライナーには「OmniOutliner」[6]「OPAL」[7]「Tree」[8]「NeO」[9]（いずれもMacのアプリ）、「WorkFlowy」「Fargo」[10]（いずれもクラウドサービス）などがあります。もしこれらのアウトライナーが手元にあれば、問題なく実践できるはずです。ちなみにWindows用のアウトライナーは伝統的に2ペイン型が多く、あまり選択肢はないのが現状です[11]。

新たにプロセス型アウトライナーを導入するのであれば、現時点で一番多くの人に勧められるのはWorkFlowyです。WorkFlowyはクラウドサービスなので、ブラウザさえあればOSを問わず利用可能です（iOSやAndroid版アプリも提供されているのでスマートフォンやタブレットからも使えます）。WorkFlowyはプロセス型アウトライナーとしての機能と

---

*6　OmniOutliner：https://www.omnigroup.com/omnioutliner

*7　OPAL：http://a-sharp.com/opal/

*8　Tree：http://www.topoftree.jp/tree/

*9　NeO：http://d-lit.com/macosx/neo_outliner/index.php

*10　Fargo：http://fargo.io

*11　Windows には Sol という素晴らしいプロセス型アウトライナーがありましたが、以前のバージョンは開発が終了しています（入手は可能なようです）。現在は新バージョンの開発がアナウンスされています（http://www.satolab.org/sol/）。

特性をきちんと揃え、動作も高速です。項目数に制限はあるものの無料から使い始めることができます。何より熱心なユーザーのコミュニティが育ちつつあり、使い方の工夫や周辺ツールが日々充実しています。

　一方、職場等の環境によってはクラウドサービスを利用できない場合もあるでしょう。クラウドもMacも利用できない場合は、次善の策としてMicrosoft Wordのアウトラインモードを擬似的にプロセス型アウトライナーとして使う方法があります。

　WorkFlowy及びWordアウトラインモードの疑似プロセス型化については、次ページ以降で簡単にお話しします。

> - ■本書で紹介するアウトライン・プロセッシングはプロセス型アウトライナーの利用が前提。
> - ■2016年1月時点で多くの人に勧められるプロセス型アウトライナーはWorkFlowy。

WorkFlowyを導入する

2016年初頭現在、プロセス型アウトライナーとして一番多くの人にお勧めできるのはクラウドアウトライナーの「WorkFlowy」です。ここではWorkFlowyを導入し、最低限のアウトライン操作ができるようになるまでを解説します。

アカウントを作成する

WorkFlowyには、作成できる項目数と一部機能に制限がある無料アカウントと、機能・容量無制限の有料アカウントがあります。ここでは、無料アカウントを作ってみましょう。

WorkFlowyにアクセスする

最初に「https://workflowy.com/」にアクセスすると図WF−1の画面が表示されるので「Sign Up」をクリックします。

▼図WF-1　最初にアクセスしたときの画面

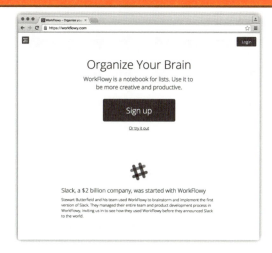

アカウント作成

アカウント作成画面（図WF-2）が表示されるので、メールアドレスとパスワードを入力してSign Upをクリックします（すでにアカウントを持っている場合は、画面右上の「Login」をクリックします）。

これでアカウントが作成されました。

▼図WF-2　アカウント作成画面

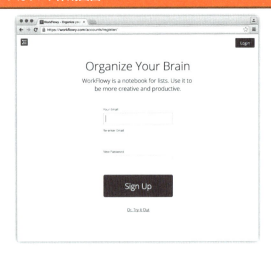

白紙のアウトラインが表示される

　初めてのときは簡単な説明と練習用アウトラインが表示されるので、「Start Using Workflowy」をクリックしてください。チュートリアル

▼図WF-3　白紙のアウトライン

動画と白紙のアウトラインが表示されます。動画を閉じるとアウトラインに入力できるようになります（図WF–3）。

チュートリアル動画は、画面右上の「Help」からいつでも見ることができます。英語ですが非常によくできているので、順番に眺めているだけでWorkFlowyの機能と基本的な使い方は理解できると思います。

WorkFlowyでアウトライナーの「3つの基本機能」を使う

❶アウトラインを視覚的に表示する機能

まず、アウトライン項目を入力します（図WF–4）。文字入力は普通のワープロやエディタと同じです。改行していくと各行がアウトライン項目（WorkFlowyの用語ではitem）になります。項目の行頭には「bullet」と呼ばれる小さな黒丸マーク（以下「・」と表記）がつきます。

▼図WF-4　アウトライン項目を入力する

項目を階層化してみましょう。行内に文字カーソルがある状態で tab を押すと項目がインデント（字下げ）されます。これで階層が一段下がりました。この操作を繰り返して、図WF–5のように階層化してください。 shift + tab を押せば、字下げが解除されます。

▼図WF-5　項目を階層化する

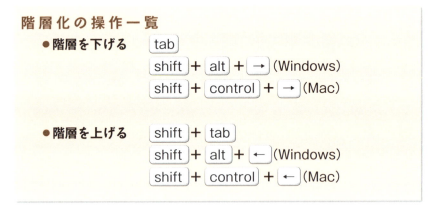

❷アウトラインを折りたたむ機能

　アウトラインを折りたたみます。項目「アウトライナーの基本機能とは」の上にマウスカーソルを合わせると、行頭「・」の左側に「−」マーク（図WF−6）が現れます。

▼図WF-6　項目上にマウスカーソルを合わせると行頭マークの左「−」マークが現れる

　図WF-7のように、「−」マークをクリックすると下位項目が折りたたまれ、マークは「＋」に変化します（「＋」マークをクリックすれば、下位項目は再び展開されます）。折りたたまれた下位項目がある場合、「・」マークの周囲にグレーの枠がつきます。

▼図WF-7　「−」記号をクリックすると、その項目が折りたたまれる

折りたたみ・展開の操作一覧
- 折りたたむ　　「・」左に表示される「−」をクリック
　　　　　　　　control ＋ ↑
- 展開する　　　「・」左に表示される「＋」をクリック
　　　　　　　　control ＋ ↓
　　　　　　　※ control キーはMacでは command でも可

❸アウトラインを組み替える機能

アウトラインを組み替えてみましょう。「アウトライナーの基本機能とは」の行頭「・」をドラッグします[*1]。マウスの動きに合わせてラインが表示されるので、移動したい位置でドロップします。

アウトラインを展開してみると、折りたたまれていた下位項目が、上位項目といっしょに移動していることがわかります。これでアウトラインが組み替わりました。

▼図WF-8　行頭マークにカーソルを合わせる

▼図WF-9　行頭マークをドラッグする。ラインが移動したい位置に来たらドロップする

*1　このとき行頭マークの上でシングルクリックしてしまうと、その項目に「Zoom（ズーム）」してしまうので注意してください。Zoomとは、クリックした項目が最上位に表示されて他の項目が見えなくなってしまうことです。もし意図せずZoomしてしまったら、ブラウザの「戻る」ボタンで戻れます。Zoomについてはこの後説明します。

▼図WF-10　項目が入れ替わった

▼図WF-11　アウトラインを展開すると、下位項目もいっしょに移動している

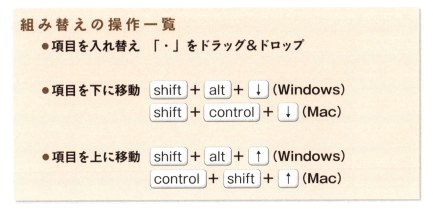

　これでアウトライナーの3つの基本機能が使えるようになりました。

WorkFlowyを使うときに覚えておくべきこと

　WorkFlowyの仕様には独特なところがあり、初めて使う人は戸惑うこともあります。いくつか注意点をあげておきます。

アウトラインはひとつだけ

　WorkFlowyはアカウントにつき、ひとつのアウトラインしか作ることができません。ひとつのアウトラインにすべてを入れます。複数のアウトラインを作れないかわりに「Zoom（ズーム）」という機能を使って、ひとつのアウトラインを複数のアウトラインの集合として扱います。

「Zoom」の使い方

　図WF–11の「アウトライナーの基本機能とは」の行頭マーク「・」をシングルクリックしてみてください。アニメーションとともにクリックした項目が最上位に表示され、他の項目は見えなくなります（図WF–12）。これが「アウトライナーの基本機能とは」にZoomした状態です。

▼図WF-12　「アウトライナーの基本機能とは」にZoomした状態

この状態でさらに「アウトライン表示の機能」の行頭マークをクリックすると、今度は「アウトライン表示の機能」にZoomします（図WF–13）。

▼図WF-13　「アウトライン表示の機能」にZoomした状態

　このとき画面の上部に注目してください。

　　　　「Home＞アウトライナーの基本機能とは＞」

　上記のように表示されているはずです。これは現在Zoomしている階層への道すじを示したリストです。リスト上の項目名をクリックすれば、その項目にZoomが移ります。「Home」をクリックすれば、すべてのZoomが解除されます。
　このZoom機能によって、WorkFlowyはひとつのアウトラインを無数のアウトラインの集合体として使えるようにしています。

その他の特徴的な機能

次に、WorkFlowyのその他の特徴的な機能をいくつか紹介します。これらはアウトライナーとしての本質的な機能ではありませんが、工夫次第で様々な用途に使えます。

メニュー（Menu）

行頭マーク「・」の上にマウスカーソルを重ねると、その時点で項目に対して可能な操作のメニューが表示されます（図WF–14）。メニューからは、コンプリート、ノートの作成、項目の複製、削除、エクスポート（書式付きテキスト、プレーンテキスト、OPMLの各形式）、項目のシェアなどの機能を選べます。

▼図WF-14　行頭「・」にマウスを重ねるとメニューが表示される

コンプリート（Complete）

チェックリストとして使うときに重宝する機能。「・」メニューから「Complete」を選ぶとその項目をコンプリート（終了）したことになります。図WF–15のように、画面右上のボタンでコンプリートした項目の表示・非表示を切り替えられます（「Completed:Hidden」になっているときは非表示、「Completed:Visible」になっているときは取消線が引かれた状態になります）。

▼図WF-15　コンプリートした項目の表示・非表示を切り替えるボタン

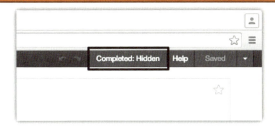

ノート（Note）

「・」メニューから「Add Note」を選択すると、項目の下に自由にテキストを書き込むことができます。これを「本文」を書き込む領域ととらえる人もいますが、私はこれを「メモ」「注釈」的なものととらえています。項目に従属していて、独立して操作することができないからです。

検索（Search）

WorkFlowyの検索機能では、画面上部の検索ボックスに入力した文字列を含む行（項目）を抽出して表示します（図WF–16）。そのとき、該当項目の上位階層もいっしょに表示されます[*2]。

▼図WF-16　検索窓に入力した文字列を含む項目が抽出される

---

*2 　残念ながらWorkFlowyには今のところ置換機能がありません。これは本格的なライティングに使う際の欠点のひとつです。

タグ（Tag）

図WF-17のように、「@」および「#」で始まる文字列はタグとして認識されます（@や#の前にスペースを入れる必要があります）。タグをクリックすると、同じタグが記入された項目が抽出されます（図WF-18）。同じタグをもう一度クリックすると抽出が解除されます。

▼図WF-17　「#要修正」というタグを作った

▼図WF-18　タグをクリックすると該当するタグが記入された項目とその上位階層が抽出される

スター（Star）

　好きな項目にZoomした状態で画面右上の「☆」マークをクリックすると、そのページに「スターを付けた」ことになります（図WF-19）。これは一種のブックマークです。次に検索ボックスの右側にある「☆」をクリックすると、スターを付けたページの一覧が表示されます。各ページをクリックすると該当ページにジャンプします（図WF-20）。スターは、検索やタグ機能で表示が絞り込まれた状態でも機能します。

▼図WF-19　画面右上の「☆（スター）」をクリックする

▼図WF-20　検索窓横の「☆」を押すと下部にスターを付けたページの一覧が表示される

印刷

WorkFlowyが開いた状態で、ブラウザで通常の印刷操作をすれば、アウトラインを印刷できます。

WorkFlowyを使いこなすための情報

最低限の機能のみを紹介してきましたが、WorkFlowyの機能はこれだけではありません。他にどんなことができるかは、画面右上のHelpをクリックしてみてください。

▼図WF-21　Helpをクリックすると表示されるパネル

図WF-21に表示されている「How-to」のタブでは、チュートリアル動画を見ることができます。この動画を順番に眺めているだけで、だいたいの機能と使い方は把握できるはずです。

　「Commands」のタブからは、各種ショートカットキーの説明が見られます。WindowsとMacでは一部キーが異なりますが、環境に合わせて表示してくれます（「Help me learn the keyboard shortcuts」をチェックしておくと、アウトライン画面の脇に常にショートカットキー一覧を表示しておくことができます）。

　WorkFlowyに関する日本語の情報としては、彩郎さんによる電子書籍『クラウド時代の思考ツールWorkFlowy入門』が2016年1月に出版されました[*3]。また、同書のベースとなった彩郎さんのブログ「単純作業に心を込めて」[*4]は、基本的なことから高度な裏技までもカバーして出色の充実度です。

　その他、有志によるノウハウやツールも数多く公開されています。WorkFlowyには裏技的な使い方が山ほどあるので、ぜひ探求してみてください。

---

*3　彩郎著『クラウド時代の思考ツールWorkFlowy入門』インプレスR&D、2016年
*4　彩郎さんのブログ「単純作業に心を込めて」（http://www.tjsg-kokoro.com）

Microsoft Word を導入する

環境によってはWorkFlowyのような
クラウドサービスを利用できない場合もあるかもしれません。
そこでMicrosoft Wordのアウトラインモードを
プロセス型アウトライナーとして使う方法を紹介します。

Wordを擬似的にプロセス型アウトライナーとして使う

　職場などでWorkFlowyのようなクラウドサービスを利用できない場合、あるいはWindows環境でデスクトップアプリを使いたい場合、Microsoft Wordのアウトラインモードを使うという選択肢があります。

　Wordは自由なアウトライン・プロセッシングには向いていないと「1-4 プロセス型アウトライナー」で書きました。なぜなら、Wordのアウトラインモードは見出しと内容を区別する「プロダクト型アウトライナー」だからです。

　ただし、Wordは設定次第では擬似的に「プロセス型アウトライナー」として使うこともできます。ここではWordをプロセス型アウトライナーとして使う一番簡単な方法を紹介しましょう。

　※図WD-1から図WD-14の画面例は、Windows版Word2010を使用しています。他のバージョン、特にWord2011（Mac版）では画面が異なりますが、できることは同じです。

Wordをアウトライン表示モードに切り替える

　Wordはデフォルトでは「印刷レイアウト表示モード」になっているので、ウィンドウ右下の「アウトライン表示」ボタンをクリックして、アウトライン表示モード（以下アウトラインモード）に切り替えます（図WD-1）。アウトラインモードではリボンにアウトラインツールが表示されます（図WD-2）。

▼図WD-1　アウトラインボタンを押して表示モードに切り替える

▼図WD-2　リボンにアウトラインツールが表示される

書式の表示を解除する

　次に、プロセス型アウトライナーとして使うための下準備をします。まずアウトラインツールの「文字列の書式の表示」のチェックを外してオフにします（図WD-3）。

▼図WD-3 「文字列の書式の表示」をオフにする

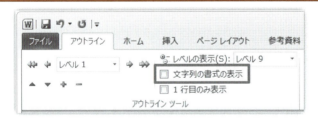

　これで、設定された書式にかかわらず、すべての項目が同一のフォントで表示されるようになります。見た目上「見出し」と「本文」の区別がなくなり、すべてのアウトライン項目を等価に扱えるようになります（この設定はアウトラインモードのみ、有効です）。

行の折り返し位置とスタイル表示領域の設定

　アウトラインモードのデフォルトでは、行の折り返し位置は印刷レイアウトの余白設定を反映しています。このままだと、アウトラインの階層が深くなったときに行の幅が極端に狭くなって、見づらくなることがあります。そこで、アウトラインモード時には余白を無視して、行の折り返し位置がウィンドウの右端になるように設定します（この設定は、アウトラインモードと下書きモードにのみ影響します。印刷レイアウトモードには影響ありません）。加えて、ウィンドウの左に「スタイル名表示領域」を表示させます。これで階層レベルが把握しやすくなります。

　リボンから［ファイル］→［オプション］→［詳細設定］を開き、「文書ウィンドウの幅に合わせて文字列を折り返す」をチェックし、「下書き表示およびアウトライン表示でのスタイル名表示領域」を20mm程度に設定します（図WD-4）。

▼図WD-4　行の折り返し位置とスタイル表示領域の設定

　これで、アウトラインを扱うのに最適な表示設定になりました。図WD-5が簡易プロセス型アウトライナーとして表示させたWordです。何も入力していなければ、行頭には小さな「−」マークが表示されています。これを「アウトライン記号」と呼びます。

▼図WD-5　簡易プロセス型アウトライナーとして設定したWord

アウトライナーの3つの基本機能を使う

それでは、Wordのアウトラインモードでアウトライナーの3つの基本機能を使ってみましょう。考え方は、WorkFlowyと大きくは変わりません。

❶アウトラインを視覚的に表示する機能

図WD-6の表示のように、項目を入力します。改行すると各行がアウトライン項目になります。項目の行頭には、アウトライン記号「-」が付きます。

▼図WD-6　アウトライン項目を入力する

次に、項目を階層化してみましょう。行内に文字カーソルがある状態で[tab]キーを押すと、項目がインデント（字下げ）されます。この操作を繰り返して、図WD-7のように階層化してください。[shift]+[tab]を押せばインデントが解除されます。この操作は、WorkFlowyと同じです。[*1]

下位項目ができると、アウトライン記号が「-」から「+」に変化します。

---

*1　むしろWorkFlowyがWordの操作に合わせているのだと思います。[tab]で階層を上げ下げする操作は、多くのアウトライナーに共通です。

▼図WD-7 項目を階層化する

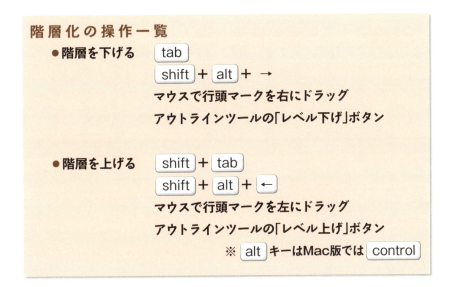

❷アウトラインを折りたたむ機能

　項目「アウトライナーの基本機能とは」のアウトライン記号「＋」をダブルクリックすると下位の項目が折りたたまれます（図WD-8）。項目の下には、下位に項目が隠れていることを示すアンダーラインが表示されます。もう一度「＋」をダブルクリックすると下位項目は展開されます。

▼図WD-8　折りたたまれたアウトライン

折りたたみ・展開の操作一覧
- ●折りたたむ　　アウトライン記号をダブルクリック
　　　　　　　　アウトラインツールの「折りたたみ」ボタン
- ●展開する　　　アウトライン記号をダブルクリック
　　　　　　　　アウトラインツールの「展開」ボタン

※アウトラインツールの「レベルの表示」から表示レベルを直接選択可能

❸アウトラインを組み替える機能

　アウトラインを組み替えるには、アウトライン記号（「＋」または「−」）を上下にドラッグします。マウスの動きに合わせてラインが表示されるので、移動したい位置でドロップします。

▼図WD-9　移動したい項目をドラッグ

　アウトラインを展開すると、折りたたまれていた下位項目が上位項目といっしょに移動しています（図WD–10）。このあたりもWorkFlowyと同じです。ちなみにWordではアウトライン項目を左右にドラッグすることで左右に移動（階層の深さを変える）することができます。

▼図WD-10　項目が入れ替わった

組み替えの操作一覧

● 項目を入れ替え　アウトライン記号をドラッグ＆ドロップ

● 項目を下に移動　 shift + alt + ↓
　　　　　　　　　アウトラインツールの「1つ下のレベルへ移動」

● 項目を上に移動　 shift + alt + ↑
　　　　　　　　　アウトラインツールの「1つ上のレベルへ移動」

※ alt キーはMacでは control

アウトラインモードと他のモードとの関係

　印刷レイアウトモードや下書きモードに切り替えると、アウトラインモードで入力した項目に妙な書式（大きめのフォントや太字、インデント）が設定されていることがあります。これはアウトライン項目が、他のモードでは「見出し」として扱われているためです。そのため、見出しらしい書式が自動的に設定されているのです。この関係がわかりにくいため、アウトライン表示モードは敬遠されがちです。しかし、仕組みさえ理解していれば、これは非常に強力な機能だということがわかります。

　Wordには「スタイル」という機能があります。複数の書式の組み合わせに名前を付けて登録する機能です。スタイルを更新すれば、そのスタイルが設定された部分の書式が自動的に更新されます。

　アウトライン項目には「見出し1」～「見出し9」というスタイルが自動的に登録されます[2]。アウトラインモードで作った項目が他のモード

---

*2　印刷レイアウトモードで文章を入力すると、デフォルトで「標準」スタイルが適用されます。ア
　　ウトラインモードでは、「標準」スタイルの段落もアウトラインと一体的に扱うことができます。

で変な書式になってしまうのは、「見出し1」〜「見出し9」にデフォルトで登録された書式のせいです。

　書式が気になる場合は shift + alt + control + s でスタイルウィンドウを表示し、変更したいスタイル名の右側のボタンで表示されるメニューから「変更...」を選択します（図WD-11）。「スタイルの変更」パネルが表示されるので（図WD-12）、ここから該当スタイルの書式や段落設定などを登録します（このとき必ず「この文書のみ」をチェックしておくようにしてください。「このテンプレートを使用した新規文書」がチェックされていると、新規文書のデフォルト書式が変わってしまいます）。

▼図WD-11　スタイルウィンドウから「変更(M)...」を選択

▼図WD-12　「スタイルの変更」パネル

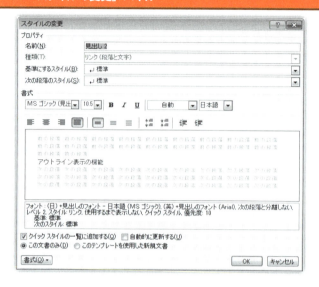

　たとえばスタイルの設定を調整して「見出し1」〜「見出し9」に好きなフォントとインデント幅を登録しておけば、ページレイアウト表示でも好みに合わせた美しいアウトラインとして表示させることもできます。[*3]

　さて、ここではWordを擬似的にプロセス型アウトライナーとして使うために設定しましたが、本来の（プロダクト型アウトライナーとしての）Wordの思想は、見出しスタイルごとに必要な書式を登録しておいて、アウトラインを作るだけで半自動的に書式の整った文書を作るというものです。本書では詳しく説明しませんが、興味を持った方はぜひいろいろと試してみてください。Wordに対する考え方が変わるかもしれません。

---

*3　私のSNS上の友人のるうさんが、Wordをプロセス型アウトライナーとして使うためのテンプレートをブログで公開されています。興味のある方はぜひ利用してみてください。「MSWordをプロセス型アウトライナーとして使う」（http://ruumania.tumblr.com/post/119675281525/mswordをプロセス型アウトライナーとして使う）。

アウトラインモードのその他の機能

「標準」スタイルと「1行目のみ表示」

　アウトラインツールの「標準文字列」ボタンをクリックすると、選択された項目が「標準文字列」に設定されます（図WD-13）。これはつまり本文ということです。Wordのアウトラインモードでは標準文字列（本文）もアウトラインの一部として操作することができます。

▼図WD-13　標準文字列ボタン

「標準文字列」が設定された段落は、アウトラインツールバーの「1行目のみ表示」（図WD-14）をチェックすることで、文字通り1行目だけ表示させることができます。この機能は、論文などパラグラフを意識した文章を書く場合に重宝します。

▼図WD-14　1行目のみ表示

アウトラインを印刷する

　アウトラインモードから印刷すると、アウトラインの状態を印刷できます。

Part
2

アウトライン・プロセッシングの技法

Part 2 は、アウトライン・プロセッシングの技法についてです。実践的なアウトライン・プロセッシングはどのように行われるのか。そして「アウトラインを操作する」とは具体的に何をすることなのか。一度「文章のアウトラインを作る」という発想を離れてみると、いろんなことが見えてきます。

◎ **Part 2 の内容：**

○ シェイク

○ アウトライン操作の 5 つの〈型〉

2-1 シェイク

実践的なアウトライン・プロセッシングは、
トップダウン思考とボトムアップ思考を
行き来することによって行われています。

トップダウン型とボトムアップ型

　アウトライン・プロセッシングには、2つのアプローチがあります。ひとつは「トップダウン型」、もうひとつは「ボトムアップ型」です。

　トップダウン型とは全体の構成を先に組み立てて、後から内容を埋めていく方法です。文章でいえば、まず章の構成を考え、章が決まったら節の構成を考え、節が決まったら項の構成を考え、項が決まったら本文の内容を肉付けしていくやり方です。

「アウトライン」といったとき、多くの人が思い浮かべるのは、このトップダウン型のイメージでしょう。そしてお気づきのように、これはアウトライナー以前の紙のアウトライン作成で行われていたやり方です。

　Part 1では「アウトラインを先に組み立てるという発想でいる限り『生きたアウトライン』は活かせない」と書きました。その通り、これはアウトライン・プロセッシングの一面にすぎません。それでもアウトライナーの特性を理解して使えば、依然として有効なテクニックです。「アウトライナーは先にアウトラインを組み立てるもの」という先入観が問題なのです。

　もう一方のアプローチがボトムアップ型です。ボトムアップ型はトップダウンとは逆に、細かい断片を組み上げてまとめていく方法です。文章でいえば、構成のことなど考えず好きなように書いていき、後からア

ウトラインを組み立てていくやり方です。

　アウトライン・プロセッシングのアプローチは、基本的にはこの２つしかありません。

> ■アウトライン・プロセッシングのアプローチは、トップダウン型とボトムアップ型の２つ。

トップダウンとボトムアップを行き来する

　トップダウンとボトムアップ。当たり前に思われるかもしれませんが、その背景には決して単純ではないプロセスがあります。

　実際は、相当に簡単か、あるいは小規模なアウトラインでない限り、トップダウンやボトムアップのみで作業が完結することはないでしょう。人間の思考は複雑です。紙のアウトラインが思うように機能しないのはこのためです。

　実践的なアウトライン・プロセッシングは、**トップダウンとボトムアップを行き来する形で行われます**。トップダウンでの成果とボトムアップでの成果を相互にフィードバックすることで、ランダムに浮かんでくるアイデアや思考の断片を全体の中に位置付け、統合していきます。本書ではこのプロセスを〈シェイク〉と呼びます。行ったり来たりしながら揺さぶるからです。

　たとえば、レポートを書くとします。トップダウンからスタートしたと仮定してみましょう。大項目から中項目、小項目へとアウトラインを組み立てます。アウトラインができたら内容を埋めていきます。無理せず書けるところから書くようにします。まんべんなく項目を埋めようとせず、ある項目が書けるのなら書けるだけ書きます。

　そうして書いているうちに、当初想定していなかったアイデアが浮かんでくるかもしれません。最初のアウトラインには収まらないようなア

イデアです。

「そういうことがないように考え抜いてアウトラインを作れ」というのが昔ながらのアウトライン作成の考え方ですが、それは無理というものです。そもそも予定外のアイデアが浮かぶというのは、頭が活性化している証拠です。その中には価値のあるものが含まれているかもしれません。それを許容せず「予定通り」にこだわることは、宝物を捨てるようなものです。

そこで、**予定外のアイデアが出てくることをあらかじめ想定しておきましょう**。私自身はアウトラインの末尾に「未使用」という項目を作っています。文章を書いているときに、既存のアウトラインに収まらないものが出てきたら、いったん「未使用」に入れておきます。面倒であれば、その場に書いてから、後で「未使用」に動かしてもかまいません。

作業が一段落したら「未使用」の中身を整理します。たとえば類似したものをグルーピングし、見出しを立て、並べ替えてみます。そして既存のアウトラインに組み込む余地がないか、あらためて考えます。うまく収まるものもあれば、新しいパートの追加が必要なものもあるでしょう。そして、いろいろと工夫して組み込むべきものは組み込みます。どうがんばっても組み込めないものは「未使用」に残しておきます。トップダウン型で作業を始めたにもかかわらず、ここで行っているのはボトムアップ型の作業です。

ときどきアウトラインを折りたたんで全体の構造を確認します。想定外の項目を組み込んだ結果、肥大化したパートがあるかもしれません。それならば、バランスを整えるためにアウトラインを組み直す必要があります。その過程で、またいくつかの新しい項目が立つかもしれません。項目から考えているので、ここでは再びトップダウン型です。

切りのいいところでもう一度「未使用」を眺めてみると、行き場がなく「未使用」に残っていた断片が新しく立った項目に組み込めることに気づくかもしれません。

このように**トップダウン型とボトムアップ型のプロセスを繰り返すこ**

とで、アウトラインは成長していきます。「アウトライン」といっても、実際には内容も同時に書かれています。書くことによってアウトラインと内容を同時に成長させているのです。これが〈シェイク〉です。もちろん、ボトムアップからスタートしてもかまいません。

- ■実践的なアウトライン・プロセッシングはトップダウン型とボトムアップ型を行き来する。これを〈シェイク〉と呼ぶ。
- ■書きながら〈シェイク〉を繰り返すことで、アウトラインと内容を同時に成長させる。

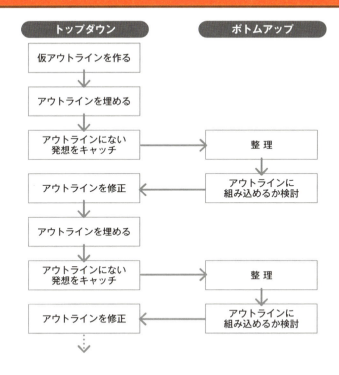

▼図2-1 〈シェイク〉のプロセス（トップダウンスタートの例）

構成を考えることとディテールを考えることを分離する

「トップダウンとボトムアップを行き来する」などと言われなくても、アウトライナーに慣れてしまえば、ごく自然にそうするようになります。そのほうが圧倒的に自然で効率的だからです。

この「自然」というところがポイントです。トップダウンとボトムアップを行き来するというのは、おそらく思考の自然な働きにかなっています。

考えてみると、文章を書くということは「構成・流れを組み立てる」一方で、「個別のフレーズを考え、滑らかにつなぐ」という、まったく異なる作業を同時にやっているわけです。これはかなり負荷のかかる作業です。

「説得力のある構成を思いついたけれど、うまいフレーズ（文章）が浮かばず悩んでいるうちに流れがわからなくなる」。逆に、「素敵なフレーズが頭に浮かんだけれど、つなぎ合わせてみたら説得力がなく、ああでもないこうでもないと考えているうちにフレーズが色あせて見えてくる」など、誰でも一度は経験したことがあると思います。[*1]「自然に」浮かんだ発想が、「文章を形にする」という作業に阻まれているのです。これが、2つの異質な作業を同時にすることの難しさです。

テクニカルに考えると、〈シェイク〉は構造を考えることとディテールを考えることを意図的に分離して頭の負荷を減らしているといえます。

ここでは文章を書くことを例にしましたが（一番複雑な例だからです）、たとえばタスクを扱う場合も、個別のタスクとプロジェクトの構造は同じような関係にあります。

トップダウンとボトムアップを行き来することの有効性は、実はデジタル以前の時代から指摘されていたことです。しかしそれはカードやバ

---

*1　書くことが嫌になる典型的なパターンです。

インダーを使った大変煩雑な作業をともなうもので、誰にでもできるものではありませんでした。

　ワープロやパソコンが普及して実行はかなり楽になりました。それでも、長大な文章を書きつつカット＆ペーストで編集し、本文と平行してアウトラインも更新していくという作業を繰り返すことは、大変な時間と労力と根気を必要とします。

　トップダウンとボトムアップを何度も行き来することは、頭の動きにはかなっていても、物理的には困難だったのです。

　アウトライナーは、その困難な作業をほとんど意識せず実行させてくれます。アウトライナーの基本機能（アウトラインの視覚的表示、折りたたみ、組み替え）によって、それが自然に行えるからです。意識せず、自然にできることにこそ意味があります。

　〈シェイク〉はアウトライナーが登場することで、誰にでも実行できる実用的なテクニックになったといえるかもしれません。

> ■〈シェイク〉は構造を考えることとディテールを考えることを意図的に分離して、頭の負荷を減らしている。
> ■アウトライナーの登場によって、〈シェイク〉は誰にでも実行できる実用的なテクニックになった。

Column......1

トップダウンとボトムアップを
行き来する

　トップダウンとボトムアップを行き来することの有効性は、以前から多くの方が指摘しています。

　たとえば澤田昭夫さんは、論文の作成をアウトラインの組み立てから始め（トップダウン）、研究が進むにつれて生まれてくる新しい問いをカードでキャッチし（ボトムアップ）、アウトラインにフィードバックしていくことを推奨されています[2]。これはデジタル以前の話です。

　倉下忠憲さんは「取りかかりとして目次を作成したらすぐに文章の作成に入り、書きながら思いついた内容を元に随時目次に手を入れ、さらに文章を書き進める」方法を「ブレイクダウン・フォローアップ法（BF法）」と名付け、ソフトウェアのアジャイル開発手法にたとえています[3]。倉下さんは著書の中でアウトライナーの有効性についてもたびたび言及しています。

　アウトライナーを前提としたものでは、中野明さんがアウトライナーを使って「考えの断片をリストアップするフェイズ（拡散思考）」と、「順序関係と階層関係を整理してアウトラインを組み立てるフェイズ（集中思考）」を交互に繰り返す方法を以前から紹介しています[4]。

＊2　澤田昭夫著『論文の書き方』講談社、1977年

＊3　倉下忠憲著『Evernoteとアナログノートによるハイブリッド発想術』技術評論社、2012年。同『KDPではじめるセルフ・パブリッシング』C＆R研究所、2014年

＊4　中野明著『マック企画大全』日経BP社、1996年。同『プロが教えるOffice98スーパーテクニック』日経BP社、1998年

2 2

アウトライン操作の
５つの〈型〉

アウトラインを操作するとは、具体的に何をすることでしょうか。
「文章のアウトライン」という発想から離れてみると、
アウトラインの操作は５つの〈型〉として整理することができます。

アウトライン・プロセッシングによる思考のコアは〈シェイク〉といっても過言ではないのですが、その前提になるのがアウトラインを自由自在に操作するということです。

ところで「アウトラインの操作」とは具体的に何をすることでしょうか。文章のアウトラインであれば、それは文字通り文章の構造とディテールを加筆、削除し、組み替えることでしょう。でもアウトライナーで扱うのは文章のアウトラインだけではありません。文字通り〈考える〉ことなら何にでも使えるのです。

いったん「文章のアウトライン」という発想から離れてみると、アウトラインの操作は５つのパターンに整理できます。

- 〈型１〉……リスティング（箇条書き）
- 〈型２〉……ブレイクダウン（細分化）
- 〈型３〉……グルーピング（分類）
- 〈型４〉……レベルアップ（階層を上がる）
- 〈型５〉……ソーティング（並べ替え）

これらをアウトライン操作の〈型〉と呼ぶことにしましょう。

〈型１〉リスティング（箇条書き）

　リスティングは、項目を書き出すことです。文字通りリストを作るわけです。つまりは、箇条書きなのですが、アウトライナーでは単なる箇条書きといっても侮れません。リスティングとは、たとえば以下のような場面です。

項目出しをすること

　後で整理することを前提にランダムに項目を書き出すこと。ブレーンストーミングがその典型です。それは「アウトライン」なのかと思われるかもしれませんが、そもそもトップダウンでのアウトラインづくりは「項目出し」から始まります。フラットに書き出した項目を階層化することで、アウトラインが誕生します。

▼図2-2　項目出しによるリスティング

好きな食べ物
- 日本的カレーライス
- お寿司
- おくら納豆
- 厚揚げ
- がんもどきの煮物
- 冷や奴
- トマトソースのパスタ
- フライドポテト
- グリーンサラダ
- アジフライ

文章を書くこと

「普通に」文章を書くことも、アウトライン・プロセッシング的に考えればリスティングです。「〈型２〉ブレイクダウン（細分化）」で出てくるように、一本の線のように流れる文章を改行で区切れば、そのままアウトラインの素材になるからです。

▼図2-3　文章を書くことによるリスティング

アウトライナーの機能
・アウトライナーの基本機能には、アウトライン表示の機能、アウトラインを折りたたむ機能、アウトラインを組み替える機能があります。
・他にもいろいろと便利な機能を備えたアウトライナーはありますが、本質的なものはこの3つです。
・極めてシンプルな機能ですが、このシンプルな機能が組み合わさることで長大な文章や複雑な思考の全体象を把握し、コントロールすることを助けてくれます。

〈型2〉ブレイクダウン（細分化）

　ブレイクダウンは項目を細分化することです。アウトライン的には「ひとつ下位の階層を作る」ことと表現できます。ブレイクダウンとは、たとえば以下のような場面です。

選択肢をあげること
　ある項目について考えられる選択肢を書き出して比較検討すること。たとえば「タスクについて次に実行することの候補をいくつか書き出してみる」「課題について代替案をあげてみる」「同じ内容の文章の表現を変えたバージョンをいくつか書いてみて比較する」などです。

▼図2-4　「カレーが食べたい」を選択肢にブレイクダウンする

```
▽カレーが食べたい
　・日本的カレーライス  ┐
　・本格インドカレー    │
　・タイカレー          ├ 「カレー」の選択肢
　・スープカレー        │
　・ドライカレー        │
　・カレーうどん        ┘
```

2-2　アウトライン操作の5つの〈型〉　　073

構成要素をあげること

　ある項目を構成する要素を書き出していくことです。「プロジェクトを構成する個別のタスクを書き出すこと」などがそうです。また、章から節、節から項、項から内容へとトップダウン的にアウトラインを構成していくことは、構成要素へのブレイクダウンの繰り返しといえます。

▼図2-5　「日本的カレーライス」を構成要素にブレイクダウンする

▽日本的カレーライス
　　・じゃがいも
　　・にんじん
　　・たまねぎ　　　　　　「日本的カレーライス」の構成要素
　　・にんにく
　　・豚肉（カレー用）
　　・市販ルウ

要素に分解すること

　いったん文章（センテンス）として書かれたものを分解して、項目化することです。文章を書くことで考えるタイプの人には向いています（私はこれを多用します）。

▼図2-6　センテンスを要素分解してアウトライン化する

・アウトライナーの基本機能には、アウトライン表示の機能、アウトラインを折りたたむ機能、アウトラインを組み替える機能があります。

▽アウトライナーの基本機能には、アウトライン表示の機能、アウトラインを折りたたむ機能、アウトラインを組み替える機能があります。
　　・アウトライナーの基本機能には
　　・アウトライン表示の機能、
　　・アウトラインを折りたたむ機能、
　　・アウトラインを組み替える機能があります。

▽アウトライナーの基本機能
　　・アウトライン表示の機能
　　・アウトラインを折りたたむ機能
　　・アウトラインを組み替える機能

〈型３〉グルーピング（分類）

　グルーピングとは、項目をグループに分類して整理することです。既存の項目の下に振り分けていくこともあれば、新たにタイトルとなる項目を作り、その下に振り分けていくこともあります。グルーピングとは、たとえば次のような場面です。

カテゴライズすること

　カテゴリーやジャンルで分類することです。たとえば、料理を「フレンチ、イタリアン、中華、日本料理……」などと分類するのと同じことです。

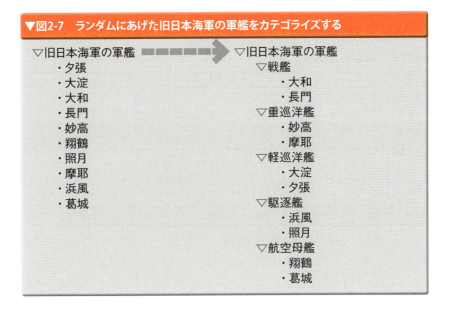
▼図2-7　ランダムにあげた旧日本海軍の軍艦をカテゴライズする

共通性・類似性・親和性で分けること

　カテゴライズに似ていますが、その場の必要に応じて恣意的に分類することです。根拠を示せなくても「これとこれは関係がありそうだ」という恣意的な分類をする場面は数多くあります。典型的なのは、メモや発想をボトムアップ的に整理、分類する場面です。

▼図2-8　共通性・類似性・親和性によるタスクのグルーピング

▽今日の雑用　━━━━━➡　▽今日の雑用
・銀行振り込み　　　　　　　▽横浜でやること
・眼鏡のチェック　　　　　　　・銀行振り込み
・新しいカーテンを買う　　　　・新しいカーテンを買う
・外付けキーボードの試し打ち　・外付けキーボードの試し打ち
・クリーニングの受け取り　　　・眼鏡のチェック
・コーヒー豆を補充　　　　　▽地元でやること
　　　　　　　　　　　　　　　・クリーニングの受け取り
　　　　　　　　　　　　　　　・コーヒー豆を補充

条件で分類すること

　ある条件に「当てはまる／当てはまらない」「満たす／満たさない」などで分類することです。

▼図2-9　上司に言われた言葉の条件分類

▽上司の言葉　━━━━━➡　▽上司の言葉
・できるかどうかじゃなくやるかどうかだ　▽納得がいく
・仕事ってのは背中で教えるもんだ　　　・物ごとには仕組みがある
・物ごとには仕組みがある　　　　　　　・最後の10％は気合いだ
・最後の10％は気合いだ　　　　　　　・物ごとには理由がある
・道具なんか何を使っても同じだ　　　▽納得がいかない
・働き盛りが毎晩家族とメシを食うのもどうか　・できるかどうかじゃなくやるかどうかだ
・物ごとには理由がある　　　　　　　　・仕事ってのは背中で教えるもんだ
・気合いは不可能を可能にする　　　　・道具なんか何を使っても同じだ
　　　　　　　　　　　　　　　　　　・働き盛りが毎晩家族と
　　　　　　　　　　　　　　　　　　　メシを食うのもどうか
　　　　　　　　　　　　　　　　　　・気合いは不可能を可能にする

〈型４〉レベルアップ（階層を上がる）

　レベルアップは、上位レベルの階層を作ることです。グルーピングが単純な「分類」なのに対して、レベルアップはその項目を含む上位の概念を見つけます。私はこれを「階層を上がる」と呼んでいます。発想法としてのアウトライン・プロセッシングでは、このレベルアップが大きな意味を持ちます。レベルアップとは、たとえば以下のような場面です。

文章として統合する

　要素分解とは逆で、複数の項目を統合してひとつの文章（センテンス）にすることです。これがレベルアップになるのは、多くの場合、センテンスとして成立させるために言葉を補うからです。どんな言葉を補うかで結果は変わります。

▼図2-10　アウトラインを統合して文章にする

例1

▽アウトライナーの基本機能
・アウトライン表示の機能
・アウトラインを折りたたむ機能
・アウトラインを組み替える機能

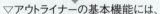

▽アウトライナーの基本機能には、
・アウトライン表示の機能と
・アウトラインを折りたたむ機能と
・アウトラインを組み替える機能がある。

アウトライナーの基本機能には、アウトライン表示の機能とアウトラインを折りたたむ機能とアウトラインを組み替える機能がある。
　▽アウトライナーの基本機能には、
　・アウトライン表示の機能と
　・アウトラインを折りたたむ機能と
　・アウトラインを組み替える機能がある。

例2

▽アウトライナーの基本機能
・アウトライン表示の機能
・アウトラインを折りたたむ機能
・アウトラインを組み替える機能

▽アウトライナーの基本機能といっても、
・アウトライン表示の機能もあるし
・アウトラインを折りたたむ機能もあるし
・アウトラインを組み替える機能だってある。

アウトライナーの基本機能といっても、アウトライン表示の機能もあるし、アウトラインを折りたたむ機能もあるし、アウトラインを組み替える機能だってある。
　▽アウトライナーの基本機能といっても、
　・アウトライン表示の機能もあるし
　・アウトラインを折りたたむ機能もあるし
　・アウトラインを組み替える機だってある。

統合の際に補う言葉（下線部）によって意味が変わるところが「レベルアップ」の所以。

概要・要約する

　下位項目について、「これらをひと言でいうとどういうことか」を考えることです。

▼図2-11　アウトラインを要約する

▽アウトライナーの基本機能
・アウトライン表示の機能
・アウトラインを折りたたむ機能
・アウトラインを組み替える機能

▽基本機能は表示、折りたたみ、組み替え
　▽アウトライナーの基本機能
　・アウトライン表示の機能
　・アウトラインを折りたたむ機能
　・アウトラインを組み替える機能

総括する

　下位項目について、「これらは何を意味するのか」を考えることです。概要・要約と違うのは、結果として下位項目には（見た目上）含まれていない内容が出てくる可能性があることです。

▼図2-12　アウトラインを総括する（どのように総括するかは場合によって異なる）

例1
▽アウトライナーの基本機能
・アウトライン表示の機能
・アウトラインを折りたたむ機能
・アウトラインを組み替える機能

▽アウトライナーの基本機能は3つ
　▽アウトライナーの基本機能
　　・アウトライン表示の機能
　　・アウトラインを折りたたむ機能
　　・アウトラインを組み替える機能

例2
▽アウトライナーの基本機能
・アウトライン表示の機能
・アウトラインを折りたたむ機能
・アウトラインを組み替える機能

▽アウトライナーの基本機能はシンプル
　▽アウトライナーの基本機能
　　・アウトライン表示の機能
　　・アウトラインを折りたたむ機能
　　・アウトラインを組み替える機能

上位概念を探す

　ある項目について「この項目を含む上位の概念があるとしたら何か？」を考えることです。おそらくアウトライン操作の中で一番難しく、また一番劇的なものです。上位の概念が生まれることによって視界が開け、それまで見えなかった新たな項目が生まれます。

▼図2-13　上位概念の発見

▽アウトライナーの基本機能
・アウトライン表示の機能
・アウトラインを折りたたむ機能
・アウトラインを組み替える機能

▽アウトライナーのさまざまな機能　　上位概念
　▽アウトライナーの基本機能
　　・アウトライン表示の機能
　　・アウトラインを折りたたむ機能
　　・アウトラインを組み替える機能

```
▽アウトライナーのさまざまな機能
  ▽アウトライナーの基本機能
    ・アウトライン表示の機能
    ・アウトラインを折りたたむ機能
    ・アウトラインを組み替える機能
  ▽アウトライナーのその他の機能
    ・ズーム／フォーカス        ┐
    ・階層と書式の連動          │ 上位の概念ができた
    ・タグ                     │ ことによって新たに生
    ・バッチ検索               │ まれた項目
    ・チェックボックス          ┘
```

〈型5〉ソーティング(並べ替え)

ソーティングとは項目を並べ替えることです。ソートというと数値を基準にデータを並べ替えることを思い浮かべると思いますが、アウトライナーでのソーティングは、自分の意志で恣意的に並べ替えることです。

たとえば料理のリストを好きな順に並べるなどです。当たり前ですが、こういうことはExcelのソート機能ではできません。[*5]

恣意的な行の並べ替えは通常のワープロでもエディタでも（もちろんExcelでも）できますが、その入れ替えがキーボードやマウスで実に簡単にできるのがアウトライナーです。この手軽さが〈考える〉場面では大きな意味を持ちます。他の4つの〈型〉と組み合わさったとき、ソーティングは文字通り思考を編集することになるのです。ソーティングとは、たとえば以下のような場面です。

重要度・優先度での並べ替え

数値化できなくても順番を付ける必要がある場合の恣意的な並び替え

[*5]　アウトライナーによっては、Excelと同じようにデータとして項目をソートする機能を持つものがあります。OmniOutliner、NeOなどです。Wordも行をソートする機能を持っています。

です。むしろ現実世界では数値でソートできないもののほうが多いのではないでしょうか。

▼図2-14　タスクを重要度(主観)でソーティングする

▽自分の中の重要度
- 来年以降の仕事について検討
- 原稿を完成させる
- 両親に顔を見せにいく
- ブログを更新する
- ブログのデザインをリニューアル
- OSのセキュリティアップデート
- 上司に誘われたゴルフ

時系列・順序での並べ替え

時間の流れやステップにしたがって並べ替えることです。タスクを実行順に並び替えることなどがこれにあたります。ブレイクダウンと組み合わせれば、ある項目を実現するためのステップとなります。「重要度」と「順序」は似て非なるものです。

▼図2-15　タスクを時系列・順序(実行順)にソーティングする

▽実行順
- OSのセキュリティアップデート
- 原稿を完成させる
- ブログを更新する
- 両親に顔を見せにいく
- 来年以降の仕事について検討
- ブログのデザインをリニューアル
- 上司に誘われたゴルフ

ロジックの組み立て

人を説得するために必要な論理を並べ替えることです。ちなみに目的が文章を書くことの場合は、並べ替えて納得したら連結することになります。

▼図2-16　ロジックによるソーティングと連結

・見出しと内容の違いは最初はわからない
・（なぜなら）
・アウトライン項目が見出しになるか内容になるかは
・アウトラインをプロセスした結果ではじめて決まる
・（したがって）
・自由なアウトライン・プロセッシングに
・適しているのは
・見出しと内容を区別しないタイプのアウトライナー

➡ 見出しと内容の違いは最初はわかりません。なぜならアウトライン項目が見出しになるか内容になるかは、アウトラインをプロセスした結果で初めて決まるからです。したがって、自由なアウトライン・プロセッシングに適しているのは、見出しと内容を区別しないタイプのアウトライナーです。

ストーリーの組み立て

面白く、かつ、読みやすいように並び替えることです。ロジックとは必ずしも一致しません（たとえばロジックを組み立てた後、ストーリーに変換することもあり得ます）。

▼図2-17　ストーリーによるソーティングと連結

・自由なアウトライン・プロセッシングに適しているのは（?）
・アウトライン項目が見出しになるか内容になるかは
・アウトラインをプロセスしてみないとわからない
・見出しと内容の違いは最初はわからない
・（つまり）
・見出しと内容を区別しないタイプのアウトライナー

➡ 自由なアウトライン・プロセッシングに適しているのはどんなアウトライナーでしょうか。アウトライン項目が見出しになるか内容になるかは、アウトラインをプロセスしてみないとわかりません。見出しと内容の違いは最初はわからないのです。つまり必要なのは見出しと内容を区別しないタイプのアウトライナーです。

無意識に行われるアウトライン操作の〈型〉

〈シェイク〉の前提となる「アウトラインの操作」とは、リスティング、ブレイクダウン、グルーピング、レベルアップ、ソーティングという5つの〈型〉を自由自在に変形し、組み合わせることです。

ここではイメージをつかんでいただくために、敢えて一つひとつに名前を付けましたが、いずれもアウトライン・プロセッシングに慣れてくるうちに、特に意識することもなく自然にやっているようなことばかりです。

「今自分がしていることは、グルーピングなのかレベルアップなのか」と意識することもないでしょう。[*6]

タッチタイプを身に付けた人が、キーを叩くタイミングをいちいち意識しないのと同じことです。

また、これらの〈型〉の一つひとつが単独で意味を持つものではありません。

たとえばブレイクダウンされた項目は、一連の作業の中でさらにソーティングされ、グルーピングされ、レベルアップされることで初めて位置付けられ、意味を持ちます。

それでも一つひとつの〈型〉を意識しておくことには意味があります。

たとえば煮詰まって進まなくなってしまった文章を、構成とは関係なく内容別にグルーピングしてみたり、上位概念を探してみたり（レベルアップ）することで、突破口が開けることがあります。また、ランダムな項目の統合（結合して文章化する）を試みることで、新しい語り口が生まれることもあります。

5つの〈型〉を意識しておくことで、アウトライン・プロセッシングによる思考の自由度と可能性は広がるでしょう。

[*6] 「さあ、今からブレイクダウンをするぞ」「今日は最高のグルーピングができたぜ」とは思わないでしょう。

- アウトラインの操作は、リスティング、ブレイクダウン、グルーピング、レベルアップ、ソーティングという5つの〈型〉に整理できる。実際のアウトラインの操作では、これらの〈型〉を自由自在に変形し、組み合わせる。
- 5つの〈型〉を意識しておくことで煮詰まったとき突破口が開けることがある。

Part
3

文章を書く

アウトライン・プロセッシングの中心はなんといっても文章を書くことです。Part 3 ではアウトライン・プロセッシングのテクニックを使ってさまざまなタイプの文章を書く様子を、実例を通して紹介します。ランダムな思考の断片をキャッチし、文章として形にしていくプロセスは、文章を書くことだけではなく、あらゆるアウトライナーの用途に応用できます。

◎ **Part 3の内容:**

- ○ メモを組み立てて文章化する
- ○ 自由な発想を文章化する
- ○ 視点を切り替えて要約する
- ○ 複数の書きかけの文章を管理する
- ○ 「文章エディタ」としてアウトライナーを使う

メモを組み立てて文章化する

ランダムに書き出したメモを、
あらかじめ項目が決められた定型的なアウトラインに基づいて
まとめていく方法は、アウトライン・プロセッシングの
さまざまなシーンで応用が利く基礎的な方法です。

ヒアリング結果を定型的なレポートにまとめる

ちょっと堅いですが、私自身が昔、実際に行った作業を元にしたものが次の例です。

クライアントの企業向け製品「Xシステム」について導入企業にヒアリングし、「Xシステムの企業における導入事例」として事例集にまとめます。その際、単なるデータの羅列ではなく、読み物的な文章にします。

調査項目は最初から決められています。次の項目です。

- 1．システムの現状
- 2．Xシステム導入検討の背景
- 3．Xシステム導入の取り組みの経緯
- 4．Xシステム導入に関する問題点と今後の課題
- 5．Xシステムに関する要望

つまり定型的なアウトラインをどのように埋めていくかがポイントになります。先に項目が決まっているという意味ではトップダウン型です。同じものを、A社からI社まで9社分作ります。すでにA社へはヒアリングしたメモがあるので、その内容を項目に合わせて整理し、組み立てていくことにします。

作業のステップ

Step 1 決められたアウトラインを打ち込む

　図3-1のように、アウトライナーを開き、決められた項目を書き出します。例によって末尾に「未使用」という項目も立てておきましょう。複数社の分を作るので、「A社」という項目の下にくくります。

▼図3-1　決められた項目を書き出す

▽A社
　・A社のシステムの現状
　・A社のXシステム導入検討の背景
　・A社のXシステム導入の取り組みの経緯
　・A社のXシステム導入に関する問題点と今後の課題
　・A社のXシステムに関する要望
　・未使用

Step 2 メモの断片を「未使用」の下に打ち込む

「未使用」の下に、ヒアリングのときのメモの内容を打ち込んでいきます。これは、リスティングです。この段階では内容のことは深く考えず、ひたすら打ち込んでいきます。音楽を聴きながらでもかまいません。[*1] 重複があっても順番が逆でも気にする必要はありません。考えるのは後です。アウトラインは図3-2のようになりました。

▼図3-2　「未使用」の下にメモの内容を打ち込む

▽A社
　・A社のシステムの現状
　・A社のXシステム導入検討の背景
　・A社のXシステム導入の取り組みの経緯
　・A社のXシステム導入に関する問題点と今後の課題
　・A社のXシステムに関する要望
　▽未使用
　　・最初から何もかもがうまくいったわけではない。とにかくトラブルが多くてどうなることかと思った。
　　・トラブルの原因は、従来のシステムの発想で考えていたこと。
　　・まったく開発思想の異なるシステムであるということを認識するまでに時間がかかった。
　　・その意味では、たとえば御社で安価に社内教育のプログラムみたいなものを提供してくれるのが一番いい。
　　・それから今後ほかのシステムとの接続も問題になってきたときに、ソースコードにアクセスできるとありがたい。アメリカの同様のソフトではオープンソース化した事例もあると聞いている。
　　・以前は自社開発のシステムを長年利用していた。海外メーカーからライセンスしたシステムをベースにしていたが、能力は充分だったものの保守管理の手間がかかり、そのコストが問題になっていた。
　　・なにしろA君は芸人を目指していて、その夢を追いかけたいらしい。
　　・A君がいないとなると、有料の研修を利用することも考えられるが、心配なのはコストだ。特に全社に導入していくと、各事業所でのコストがかけ算で増えてしまう。維持コストがどうなるか、心配している。
　　・もし、ずっと国内メーカーのシステムだけを利用していたら、こんなにスムーズにはいかなかったかもしれない。

---

*1　もちろんパソコンでメモした場合は、そのデータを貼りつければいいのです。あ、録音した内容を書き出す場合は音楽は聴けませんね……。

- ようやく目処が立ったので、来年から当社の全事業所に導入する予定。本格導入に際しては、試験導入している今のシステムのままにするのか、後継バージョンにアップグレードするのか、それはこれから検討する。
- トラブル解決に大きな役割を果たしたのは、先日までシステム担当をしていた当時新人のA君だった。A君は知識も豊富だったが、何よりも従来のシステムの経験がなく、先入観なく取り組めたことがよかったと思う。
- 取引先の担当者と話していたときに、Xシステムの法人モニタープログラムのことを耳にした。話を聞いてみると、当社のニーズに非常に合っているように思えた。
- 好評ですよ。少なくとも今までの自社開発のシステムとは比べものにならない。今までは誰も端末に触れようとしなかったから。
- 実は今一番困っているのは、そのA君が先日辞めてしまったことだ。引き継ぎは充分に行っているが、なにしろ導入のときに蓄積したノウハウがA君個人のものなので……。
- 従来のシステムからの違和感はあまりない。導入の当初にはいろいろ問題はあったが、試行錯誤で解決した。
- 最初の導入→稼働は3年前。最初の予定では4年前から稼働しているはずだったが、諸事情で1年遅れた。
- 特に今後システムを更新していくことを考えると、A君が辞めてしまったことは痛い。更新が今一番気がかりだ。
- 違和感がなかった原因のひとつは、うちの会社では従来から海外メーカーのシステムを導入していたので、慣れていたということがある。

Step 3　メモに見出しを付ける

　打ち込みが終わったら、メモの断片ごとに内容を示す見出しを付けていきます。整理のためのものなので、深く考える必要はありません。内容のまとまりごとに、自分がわかるような見出しの下にくくればいいのです。

　コツはひとつの見出しに対して、ひとつの内容にすることです。一連の発言でも、複数の内容を含んでいたら分割してそれぞれに見出しを付けます。かなり細かく見出しを付けていくことになります。

　重複した内容や関連した内容が出てきても、この時点でまとめようと

する必要はありません。整理は後からできます。

　ただし、この例のように項目がトップダウンで決まっている場合は、該当しそうな項目を意識しながら見出しを付けていくと、後で整理するときに楽です。具体的には、見出しの中に該当しそうな調査項目名（現状、背景、経緯、課題、要望など）を含めておきます（判断がつかない断片には「？」とでも付けておきます）。

▼図3-3　メモに見出しを付ける

▽A社
　・A社のシステムの現状
　・A社のXシステム導入検討の背景
　・A社のXシステム導入の取り組みの経緯
　・A社のXシステム導入に関する問題点と今後の課題
　・A社のXシステムに関する要望
　▽未使用
　　▽（経緯）最初はトラブルばかり
　　　・最初から何もかもがうまくいったわけではない。とにかくトラブルが多くどうなることかと思った。
　　▽（経緯）トラブルの原因
　　　・トラブルの原因は、従来のシステムの発想で考えてしまっていたこと。
　　　・まったく開発思想の異なるシステムであるということを認識するまでに時間がかかった。
　　▽（要望）安価な社内教育プログラムがあるといいな
　　　・その意味では、たとえば御社で安価に社内教育のプログラムみたいなものを提供してくれるのが一番いい。
　　▽（要望）ソースにアクセスできないか？
　　　・それから今後他のシステムとの接続が問題になってきたときに、ソースコードにアクセスできるとありがたい。アメリカの同様のソフトではオープンソース化した事例もあると聞いている。
　　▽（背景）自社開発のシステムでは管理の手間が限界
　　　・以前は自社開発のシステムを長年利用していた。海外メーカーからライセンスしたシステムをベースにしていたが、能力は充分だったものの保守管理の手間がかかり、そのコストが問題になっていた。
　　▽（??）芸人を目指している！

Part 3　文章を書く

- ・なにしろA君は芸人を目指していて、その夢を追いかけたいらしい。
▽（課題）今後の維持コストが心配
- ・A君がいないとなると、有料の研修を利用することも考えられるが、心配なのはコストだ。特に全社に導入していくと、各事業所でのコストがかけ算で増えてしまう。維持コストがどうなるか、心配している。
▽（経緯）国内メーカー以外の経験が生きた
- ・もし、ずっと国内メーカーのシステムだけを利用していたら、こんなにスムーズにはいかなかったかもしれない。
▽（現状）来年からすべての事業所に展開
- ・ようやく目処が立ったので、来年から当社の全事業所に導入する予定。本格導入に際しては、試験導入している今のシステムのままにするのか、後継バージョンにアップグレードするのか、それはこれから検討する。
▽（経緯）新人がトラブル克服に活躍
- ・トラブル解決に大きな役割を果たしたのは、先日までシステム担当をしていた当時新人のA君だった。A君は知識も豊富だったが、何よりも従来のシステムの経験がなく、先入観なく取り組めたことがよかったと思う。
▽（背景）取引先からの推薦で導入
- ・取引先の担当者と話していたときに、Xシステムの法人モニタープログラムのことを耳にした。話を聞いてみると、当社のニーズに非常に会っているように思えた。
▽（現状）今のところ好評
- ・好評ですよ。少なくとも今までの自社開発のシステムとは比べものにならない。今までは誰も端末に触れようとしなかったから。
▽（課題）ノウハウを持つ社員が退社
- ・実は今一番困っているのは、そのA君が先日辞めてしまったことだ。引き継ぎは充分に行っているが、なにしろ導入のときに蓄積したノウハウがA君個人のものなので……。
▽（現状）問題は解決
- ・従来のシステムからの違和感はあまりない。導入の当初にはいろいろ問題はあったが、試行錯誤で解決した。
▽（経緯）導入は1年遅れ
- ・最初の導入→稼働は3年前。最初の予定では4年前から稼働しているはずだったが、諸事情で1年遅れた。

▽（課題）ノウハウを持つ社員が辞めて更新が気がかり
　・特に今後システムを更新していくことを考えると、A君が辞めてし
　　まったことは痛い。更新が今一番気がかりだ。
▽（経緯）海外メーカーシステムに慣れていた
　・違和感がなかった原因のひとつは、うちの会社では従来から海
　　外メーカーのシステムを導入していたので、慣れていたということ
　　がある。

　見出しがついたらアウトラインを折りたたんでみます。これだけで、
だいたいどんなことが書かれているのかわかりますね。

▼図3-4　アウトラインを折りたたむ

▽A社
　・A社のシステムの現状
　・A社のXシステム導入検討の背景
　・A社のXシステム導入の取り組みの経緯
　・A社のXシステム導入に関する問題点と今後の課題
　・A社のXシステムに関する要望
　▽未使用
　　▷（経緯）最初はトラブルばかり
　　▷（経緯）トラブルの原因
　　▷（要望）安価な社内教育プログラムがあるといいな
　　▷（要望）ソースにアクセスできないか?
　　▷（背景）自社開発のシステムでは管理の手間が限界
　　▷（??）芸人を目指している!
　　▷（課題）今後の維持コストが心配
　　▷（経緯）国内メーカー以外の経験が生きた
　　▷（現状）来年からすべての事業所に展開
　　▷（経緯）新人がトラブル克服に活躍
　　▷（背景）取引先からの推薦で導入
　　▷（現状）今のところ好評
　　▷（課題）ノウハウを持つ社員が退社
　　▷（現状）問題は解決
　　▷（経緯）導入は1年遅れ
　　▷（課題）ノウハウを持つ社員が辞めて更新が気がかり
　　▷（経緯）海外メーカーシステムに慣れていた

Step 4 メモを項目に仮分類する

　該当すると思われる調査項目にメモを振り分けていきます。これはグルーピングです。通常のカット＆ペーストではかなり手間がかかりますが、アウトライナーならマウスやキーボードで項目を動かすだけです。アウトラインを折りたたんでおけば、あちこちスクロールする必要もありません。

　移動はあくまで仮のものです。後からいくらでも修正できるので、深く考えず機械的に振り分けていきましょう（このときに、見出しに含めた項目名が役に立ちます）。移動先が思いつかない断片は「未使用」に残しておきます。整理の過程でマッチする場所が見つかることもあれば、そのまま捨ててしまう場合もあります。

　ここまでのアウトラインは図3−5のようになりました。

▼図3-5　メモをグルーピング

```
▽A社
    ▽A社のシステムの現状
        ▷（現状）来年からすべての事業所に展開
        ▷（現状）今のところ好評
        ▷（現状）問題は解決
    ▽A社のXシステム導入検討の背景
        ▷（背景）自社開発のシステムでは管理の手間が限界
        ▷（背景）取引先からの推薦で導入
    ▽A社のXシステム導入の取り組みの経緯
        ▷（経緯）最初はトラブルばかり
        ▷（経緯）トラブルの原因
        ▷（経緯）国内メーカー以外の経験が生きた
        ▷（経緯）新人がトラブル克服に活躍
        ▷（経緯）導入は1年遅れ
        ▷（経緯）海外メーカーシステムに慣れていた
    ▽A社のXシステム導入に関する問題点と今後の課題
        ▷（課題）今後の維持コストが心配
        ▷（課題）ノウハウを持つ社員が退社
        ▷（課題）ノウハウを持つ社員が辞めて更新が気がかり
    ▽A社のXシステムに関する要望
        ▷（要望）安価な社内教育プログラムがあるといいな
        ▷（要望）ソースにアクセスできないか？
    ▽未使用
        ▷（??）芸人を目指している！
```

3-1　メモを組み立てて文章化する

Step 5 内容が足りない項目をチェックする

　こうして整理していくと、内容に不足のある調査項目が一目瞭然になります。この例では「経緯」にたくさんの内容が入っているにもかかわらず、「背景」や「要望」の内容は薄いようです。こうしたバランスを早めに可視化できることには意味があります。不足が致命的な場合、対策が必要になるからです（経験上は他の項目に分類した内容から補えることが多いのですが）。

Step 6 調査項目ごとに内容を整理する

　仮分類が終わったら、調査項目ごとに展開して流れを整えていきます。目的が文章化なので、その流れを意識するわけです。場合によっては調査項目の中で「関連のある断片」「共通点のある断片」をさらにグルーピングして整理する必要があるかもしれません。

　この作業をすべての調査項目について繰り返します（このＡ社の例では、調査項目の内容をさらに整理する必要はないようです）。

Step 7 文章として整える

　アウトラインをすべて展開し、文章化を意識しながら読んでいきます。

　この段階で最初は気づかなかった内容の関連性や因果関係が見えてくることがあります。たとえば４つの無関係な話だと思っていたものが、実はひとつの話の繰り返しだということや、前半と後半の話に矛盾が生じていることに気づいたりします。

　最初は「経緯」に分類した内容が、実は「要望」なのだというようなことも、この段階で判断できます。事例の「導入当初のトラブルの原因は従来システムの発想でとらえてしまったこと」という話は、確かに「経緯」ですが、むしろ「従来型システムを導入してきた企業を意識したサポートが必要という『要望』なのではないか」というようなことです。「安価な社内教育プログラムがほしい」という元から「要望」に

あった内容と組み合わせると、さらに深みが増しそうです。内容が薄い項目があっても、他の項目に分類した内容から補えることが多いというのは、こういうことです。

このあたりはアウトライナーならではというわけではありませんが、マクロの視点とミクロの視点を楽に行き来できることで、位置付けや関係性の把握・理解が助けられることは間違いありません。

気づいた点を踏まえてアウトラインを修正します。冗長な表現や繰り返しを削除し、断片と断片のつながりを整えます。後は必要に応じてワープロなどで整えます。

プロセスを「作業」に分解する

以上のような手順は説明すると面倒そうですが、慣れると想像以上に楽です。実はここではランダムに書かれたメモをまとめるという手間のかかる作業を、一つひとつはあまり頭を使わない、いわば**「作業」に分解しているのです。**

「打ち込み」「見出し付け」「整理」といった作業の一つひとつは、さほど苦になるものではありません。あまり頭を使わなくていい「作業」にプロセスを分解することで、それほど苦しむことなく6合目くらいまで登っていくことができます[*2]。この文章作成プロセスの分解は、アウトライナーがあって初めて可能になったことです。なぜならこれは全体像を俯瞰し、その状態のまま操作できるというアウトライナーの機能によって成り立つからです。

とはいえ、仕上げはそれほど簡単ではありません。なんでもそうですが、最後の10%にはそれなりの「気合い」が必要です。それでも6合目からのスタートと麓からのスタートとでは、労力と時間と消耗度が確実に変わります。

---

*2　重たい作業は分解するというのはタスク管理の基本でもありますが、それと同じです。

ここでは非常に具体的かつピンポイントな例でしたが、まったく同じ方法は、ブレーンストーミング結果の整理や議事録の作成にもそのまま応用できます。また、より複雑な文章作成の過程でも使われる、とても応用の利く方法です。

- ■手間のかかる複雑な作業を、「打ち込み」「見出し付け」「整理」という頭をあまり使わない「作業」に分解する。
- ■これは、いつでも全体像を俯瞰し、そのまま操作できるアウトライナーがあって初めて可能になった。

3 2

自由な発想を文章化する

決められた項目に合わせるのではなく、自由な発想を文章化するための
アウトライン・プロセッシングについて考えてみます。
さまざまな方法はありますが、
ここでは発想段階に「フリーライティング」を活用します。

フリーライティングからのアウトライン・プロセッシング

今度は発想段階も含めてゼロから書き起こすタイプの文章について考えてみましょう。決められた項目に合わせるのではなく、自由な発想を文章化するためのアウトライン・プロセッシングです。

とはいえ、さまざまなケースが考えられるので、ここではテキスト中心のレポートのようなものを想定します。学生の課題などに向いていると思いますが、企画書やプレゼンテーションの草稿づくりにも使えるはずです。

アメリカの作文技法の本でよく紹介されている、発想段階に「フリーライティング」を使う方法を、アウトライナーの利用を前提にアレンジしたものです。**フリーライティングは発想を展開した結果がテキストになっているので、アウトライナーとの相性がいいのです。**

> ■発想法の中でも、フリーライティングは結果がテキストになるのでアウトライナーと相性がいい。

Step1　自由なフリーライティング

　まずは書くべきことを発見する段階、いわゆる「発想法」的なパートです。ここでは、フリーライティングを行います。

　20〜30分間、頭にあることを自由に書き出します。テーマが決められているならそのテーマについて、そうでなければ書きたいこと、書け

そうなことについて書いていきます。

　形式も順番も表現も誤字脱字も気にすることなく、ひたすら頭に浮かぶことを書きます。注意点は、キーワードの羅列にはしないこと。ラフでいいので「文章」の形を取ります。そして、できる限り手を止めずに書き続けます。

　何も浮かんでこなかったら「今、自分が書くべきことを書こうとしているのだが、何も浮かんでこない。自分は何が書きたいのだろうか？　ここ数日の間、身の回りに起きたことにヒントはないだろうか？」でもかまいません。つまり「何かを考えようとする思考」をそのまま書き出してしまうのです。私の経験では、深く考えずにただ手を動かしているうちに頭が働き始め、やがて書くべきことが流れ出していくことが多いようです。とにかく、思いついたことは躊躇せずに書き出します。

　手が動き始めると、一転して、脈絡ないことが次々と湧き出てくるかもしれません。そのようなときは流れに逆らわず、そのまま書き出します。筋が通らなくても気にする必要はありません。この段階の目的は「頭から何かを引っ張り出す」ことです。むしろ「書きながら思いつく」ことを大事にしたいので、次々とネタを思いつくことはいいことです。整理は後からいくらでもできます。20〜30分間も書いていれば疲れて手が止まってくるので、いったんブレイクします。

Step 2 テーマの探索

　書いたものを読み返してみましょう。20〜30分間休みなく書き続けたとすれば、けっこうな分量になっているでしょう。その中に「これは」と思えるものがあればマークしておきましょう。内容や表現が気に入ったもの、広がりがありそうなもの、自分自身が興味を惹かれるものなどです。何もなければ、少し時間を置いて Step 1 を繰り返します。

Step 3 テーマを絞ったフリーライティング

　マークしたものがあったら、その内容に絞ってもう一度フリーライ

ティングしてみます。今回はできるだけテーマからは逸脱しないようにします。Step 1で書いたことと重複してもかまいません。文脈や細かい表現は気にせずに、とにかく書くという点は変わりません。「テーマについての問い」や「課題」「問題意識」「知っていること」「調べたいこと」「書きたいこと」などがどんどん出てきたら、そのテーマは「当たり」かもしれません。Step 3でも同じように、20〜30分程度でブレイクします。

Step 4 テーマの明確化

Step 3で書いた内容を読み返して、行けそうだと感じたら、そのテーマを一文で表現してみます。テーマを明確化する作業なのですが、個人的にはここが一番難しいと感じます。どうしても一文で言い切れなかったら、テーマが絞りきれていないのかもしれません。そのようなときには、複数のテーマに分割してみるとうまくいくことがあります。逆にすんなり一文で表現できたら、かなり明確だということになります。

Step 5 仮のサマリーを作る

テーマが明確化できたら、サマリーを書くつもりで全体の流れを一段落〜数段落で書いてみます。[*3]範囲と展開のロードマップを作るのが目的です。いきなりアウトラインを作らないのは、項目を単純に配置するのではなく、有機的に連結するためです。

ただし、無理に完璧なサマリーを作ろうとするとトップダウン型にこだわったアウトラインと同じことになるので注意が必要です。ほしいのは仮のサマリー、つまり「完成品の概要」ではなく「当面の仮説」です。

この作業は次の「仮のアウトライン」と裏表の関係にあります。仮のサマリーがうまく作れなくて止まってしまうのなら、いったん次に進ん

---

*3　どのくらいの長さにするのかは、書こうとする分量によります。決まりはありませんが、個人的には5000字程度までで一段落という感じです。

だほうがいいかもしれません。

Step 6 仮のアウトラインを作る

　仮のサマリーを元にアウトラインを作ります。これも、内容に肉付けしていくための仮のものです。「仮のサマリー」が作ってあっても、いざアウトライン化してみると展開に無理があることがわかるかもしれません。逆にサマリーの段階でどうもすっきりしなかったところが、アウトライン化してみることでクリアになるかもしれません。このように「仮のサマリー」と「仮のアウトライン」は相補的な関係にあります。

Step 7 仮のアウトラインに沿って内容を整理する

　仮のアウトラインの末尾にはもちろん「未使用」という項目を立てておきます。その下にフリーライティングで書き出した内容を貼り付けます。フリーライティングはあらかじめ一文ごとに改行しておくと後が楽です。

　ここから先は「3.1　メモを組み立てて文章化する」の方法がそのまま使えます。フリーライティングの内容を、仮のアウトライン上で該当すると思われる場所にグルーピングしていきます（断片ごとの細かい見出しは付けても付けなくてもかまいません）。移動先が思いつかないものは「未使用」に残しておきます。この時点で中身がまったく入っていない項目があっても気にする必要はありません。

Step 8 〈シェイク〉を繰り返す

　ひと通り整理が終わったら、アウトラインを展開して、「どんな構成になったか」「どこに何が書いてあるか」を確認します。そして仮アウトラインとフリーライティングをガイドに本文を加筆していきます（トップダウン）。フリーライティングや仮サマリーを作ったときの感覚を思い出して書いていきます。

　書いているうちに、新しいアイデアを思いついたら、躊躇せずにその

場で書いてしまいます（ボトムアップ）。仮アウトラインにない新しい項目が必要だと思えば作ります。

　加筆がひと区切りついたら、アウトラインを折りたたみます。新しく加わった項目を活かすために組み直しが必要になるかもしれません。また、組み直しの過程でさらに新しい項目が必要なことに気づくかもしれません（トップダウン）。

「未使用」に残っている項目も必要に応じてグルーピングしながら、再検討します（ボトムアップ）。逆に本文から「未使用」に落ちる項目も出てくるかもしれません。^{*4}

Step 9　アウトラインの引き締め

〈シェイク〉を繰り返すことでアウトラインは成長していきます。しばらくすると、当初の仮アウトラインは原型をとどめないくらい変わっているかもしれません。

　テーマがぼやけ、内容が許容範囲を超えて逸脱してきたと感じたら、Step 4〜Step 6を繰り返すことで軌道修正します。これを「アウトラインの引き締め」といいます。

　とはいえ、逸脱はデメリットばかりではありません。〈シェイク〉を繰り返すうちに最初は考えもしなかった内容になったり、結論自体が変わってしまったりすることもあります。それは〈シェイク〉を通じて、当初考えていたよりも内容が深まった結果かもしれません。そしてこれこそがアウトライン・プロセッシングの醍醐味であり、アウトライナーが「アイデア・プロセッサー」でもある所以です。

Step 10　アウトラインの固定

　ここまでのプロセスはいくらでも繰り返せますが、どこかでアウトラインを「固定」する必要があります。固定というのは、それ以降大幅な

---

*4　途中である断片が不要だと思ってもすぐには削除せず、いったん「未使用」に移動しておくことをお勧めします。

102　　Part 3　文章を書く

組み替えが発生せず、本文の仕上げに入れる段階のことです。「アウトライン」とはいっても、この段階ではほとんどの項目で本文が書かれているはずです。

　どの段階でアウトラインを固定するかはスケジュールによります。期限が迫っているなら、すぐにでも仕上げに入らなければならないでしょう。

　それ以外の場合、ひとつの目安としてアウトラインの偏りをチェックする方法があります。それほど長い文章でもないのにアウトラインが5階層も6階層も掘られている部分があったり、項目によって極端な分量差があったりする場合、まだ内容が消化しきれていないのかもしれません。

　階層の深さが安定し、本文量のバランスが取れ、全体としてシンプルなアウトラインになってくると、完成に近くなります。シンプルに表現できるということは、それだけ自分の中での理解が進み、展開も洗練されてきているということだからです。

Step 11　本文の完成

　アウトラインを固定したら、本文を含むすべての内容を最初から読み直します。滑らかに流れていない部分や、同じことを繰り返している部分をブラッシュアップしていきます（アウトライン・プロセッシングでは無数の断片をつなぎ合わせるので、そのような箇所はたくさん出てきます）。最後にワープロやエディタで体裁を整えて完成させます。

純粋に「書くこと」「考えること」に集中する

　この方法には2つポイントがあります。

　まず、ここでも複雑なプロセスの分解が行われています。作業の前半では、発想の引き出し（フリーライティング）、文章全体のイメージ・方向性固め、仮アウトライン、仮アウトラインの内容の整理まで、**それぞれの段階での目的に集中することで**、アウトラインの形になるところ

まで最小限の負担で持っていきます。

後半の、アウトラインを育て精緻化していく段階では〈シェイク〉が威力を発揮します。〈シェイク〉もまた、文章を書く作業を「構造を考える」ことと「ディテールを考える」ことに分けて、頭の負担を軽くすることでした。

一気にやろうとすると途方もなく複雑な作業をアウトライナーの力を借りて分解することで、可能な限り楽に行っているわけです。これは単なる省力化ではなく、純粋に〈文章を書き、考える〉ことに集中するためです。

もちろん、ここで紹介した方法を使ったからといって長文が楽に書けるわけではありません。また、手法には相性があるので「この方法を使えば誰もがうまくいく」と主張するつもりもありません。ただ私自身は、「6合目からのスタート」という感覚は確かにあります。そして「本来書けなかったはずのことが書ける」という感覚もあります。

本書の執筆中、ここで紹介した方法を実際に使っています。その様子の一部を、Part 7 で再現しています。

> ■作業の前半は「発想」「方向性固め」「仮アウトラインの組み立て」「整理」という一つひとつの作業に集中することで、負担を最小限にしながらアウトライン化する。後半は〈シェイク〉を繰り返すことでアウトラインを育てていく。

Column……2

「補助線」とフリーライティング

　木村泉さんは『ワープロ作文技術』[*5]の中で、文章に「補助線」を引くという提案をしています。「補助線」というのは幾何の証明問題のときに引くあの「補助線」です。

　どういうことかというと、公にする文章に書いてしまうと差し障りがある内容でもそれを書くことで勢いがつく、あるいは書き出すきっかけになるなら敢えて書いてしまう、ということです（もちろん後で消します）。

　私自身の経験でも、「補助線」の助けでどうしても書けなかった内容が出てくるということが実際にありました。少なくとも萎縮して筆が止まることなく、書くことに躊躇しなくなる効果はあります。

　フリーライティングを利用して書きたいことを発見していくという方法は、考えようによっては大がかりな「補助線」のようなものです。思考を引き出すために、多くの部分を捨てる前提で書いているからです。

　書くことに没頭していると、あちこち連想が飛び回って収拾がつかなくなることがあります。

　しかしこれは気持ちが乗っている、頭が活性化しているということでもあります。

　こういうときに書いたものには、小手先でまとめようとした文章にはない何かがあることが多いのです。

　だから無理に枠にはめてフローをせき止めるのではなく、この状態を大がかりな「補助線」と考えて積極的に利用するべきでしょう。

＊5　木村泉著『ワープロ作文技術』岩波書店、1993 年

その一方で、制御不能になることをアウトライナーが防いでくれ
ます。

　さて、この「補助線」には不思議な特性があります。

　跡形もなく消したはずなのに、その気配が残ることです。ポジ
ティブな「補助線」ならポジティブな気配が、ネガティブな「補助
線」ならネガティブな気配がちゃんと残ります。

　フリーライティングも「補助線」である以上、最終的なアウト
プットから外れた部分は容赦なく切り落とす必要があります。それ
でも投射されたエネルギーや熱気はちゃんと残ります。

　それは、もし最初からお行儀よく枠にはめようとしたなら、失わ
れてしまっていたかもしれないものです。

3-3 視点を切り替えて要約する

定型的なデータを扱うアウトラインの場合、
階層の上下関係を組み替えることで視点を切り替え、
データをさまざまな視点から
立体的に眺めることができます。

「3.1 メモを組み立てて文章化する」で作った定型的なレポートの話に戻ります。このときのレポートは、最終的にA社からI社までの9社分になりました。

この9社分のレポートのサマリー（要約）を作ります。数ページの文章ならば、ざっと目を通して、概要を把握することもできますが、量が多いとなかなか大変です。よくやる方法は「マトリクスを作って整理する」というものですが、アウトライナーで作成してあるなら、その機能をサマリーづくりにも活用できます。

「調査対象別」のアウトライン

図3-6のように、9社分のレポートをひとつのアウトラインにつなげます。A社の部分が「3.1 メモを組み立てて文章化する」で作ったところです。

▼図3-6　9社分のアウトライン

```
▽レポート
　▽A社
　　▷A社のシステムの現状
　　▷A社のXシステム導入検討の背景
　　▷A社のXシステム導入の取り組みの経緯
　　▷A社のXシステム導入に関する問題点と今後の課題
　　▷A社のXシステムに関する要望
```

```
        ▷未使用
    ▽B社
        ▷B社のシステムの現状
        ▷B社のXシステム導入検討の背景
        ▷B社のXシステム導入の取り組みの経緯
        ▷B社のXシステム導入に関する問題点と今後の課題
        ▷B社のXシステムに関する要望
        ▷未使用
    ▽C社
        ▷C社のシステムの現状
        ▷C社のXシステム導入検討の背景
        ▷C社のXシステム導入の取り組みの経緯
        ▷C社のXシステム導入に関する問題点と今後の課題
        ▷C社のXシステムに関する要望
        ▷未使用
    ▷D社
    ▷E社
    ▷F社
    ▷G社
    ▷H社
    ▷I社
```

　調査対象の社名が上位に入り、その下に内容が入っているので、これは「調査対象別」に組み立てられたアウトラインということになります。この状態で個別の見出しを開いていくだけでも、サマリー作成の役に立ちますが、よりまとめやすいように、アウトラインを組み替えてしまいましょう。

「調査項目別」のアウトラインに組み替える

　サマリー作成用にアウトライン全体のコピーを作ります。コピーといっても別のファイルを作るのではなく、同じアウトラインの中で最上位のトピックをコピーしてしまえば簡単です。片方を「サマリー用」にして、そちらで作業します。

▼図3-7　コピーを作る

▽レポート
　▷A社
　▷B社
　▷C社
　▷D社
　▷E社
　▷F社
　▷G社
　▷H社
　▷I社
▽サマリー用
　▷A社
　▷B社
　▷C社
　▷D社
　▷E社
　▷F社
　▷G社
　▷H社
　▷I社

「サマリー用」のアウトラインを図3-8のように組み替えます。

▼図3-8　サマリー用に組み替えたアウトライン

▽サマリー用
　▽システムの現状
　　▷A社のシステムの現状
　　▷B社のシステムの現状
　　▷C社のシステムの現状
　　▷D社のシステムの現状
　　▷E社のシステムの現状
　　▷F社のシステムの現状
　　▷G社のシステムの現状
　　▷H社のシステムの現状
　　▷I社のシステムの現状
　▽Xシステム導入検討の背景
　　▷A社のXシステム導入検討の背景

3-3　視点を切り替えて要約する　　　　　　　　　　109

```
        ▷B社のXシステム導入検討の背景
        ▷C社のXシステム導入検討の背景
        ▷D社のXシステム導入検討の背景
        ▷E社のXシステム導入検討の背景
        ▷F社のXシステム導入検討の背景
        ▷G社のXシステム導入検討の背景
        ▷H社のXシステム導入検討の背景
        ▷I社のXシステム導入検討の背景
    ▷Xシステム導入の取り組みの経緯
    ▷Xシステム導入に関する問題点と今後の課題
    ▷Xシステムに関する展望
    ▷未使用
```

　組み替えたアウトラインでは、上位に調査項目があり、その下が調査対象の社名になっています。つまり「調査項目別」のアウトラインです。これで視点が「調査対象」から「調査項目」に変わったことになります。

項目ごとにアウトラインを展開する

　調査項目別アウトラインで「システムの現状」の下位項目を展開します。すると以下のように各社の「システムの現状」を一連のものとして読むことができます。これを参照しながらサマリーを作っていきます。

▼図3-9　項目ごとにアウトラインを展開する

```
▽サマリー用
   ▽システムの現状
      ▽A社のシステムの現状
         ▷(現状)来年からすべての事業所に展開
         ▷(現状)今のところ好評
         ▷(現状)問題は解決
      ▽B社のシステムの現状
         ▷(現状)当初導入に失敗
```

```
            ▷(現状)担当者が変わって再度導入
            ▷(現状)現在は一部の部署で運用中
            ▷(現状)社長が乗り気
        ▽C社のシステムの現状
            ▷(現状)導入予定はいったん白紙に
            ▷(現状)既存システムとの整合性を検討中
            ▷(現状)導入をめぐり意見の対立も
            ▷(現状)競合他社にシステム導入の動き
        ▽D社のシステムの現状
            ▷(現状)導入したもののほとんど利用されていない
            ▷(現状)複数のシステムが併存
            ▷(現状)データもノウハウも分散
        ▷E社のシステムの現状
        ▷F社のシステムの現状
        ▷G社のシステムの現状
        ▷H社のシステムの現状
        ▷I社のシステムの現状
    ▷Xシステム導入検討の背景
    ▷Xシステム導入の取り組みの経緯
    ▷Xシステム導入に関する問題点と今後の課題
    ▷Xシステムに関する展望
    ▷未使用
```

アウトラインの組み替えは視点の組み替え

　この例では、内容を要約した見出しを立てているので、本文を読まなくても概要を把握できることがわかると思います。

> 「現状としては、導入が順調に進んでいる企業は例外的な事例。ほとんどの対象企業では導入に際してなんらかのトラブルを生じており、未だ本格導入に至っていない企業がほとんど。導入失敗のパターンとしては大きく2つ。第1にすでに導入されている既存のシステムとの相性。第2に担当者が同システムの必要性を感じていないか、もしくは熱意を持っていない……」

このように階層によって内容が決まっている定型的なアウトラインの場合、階層の上下関係を入れ替えることで同じ内容を目的に応じた視点から眺めることができます。アウトラインの組み替えは視点の組み替えでもあるのです。

　ここでもプロセスの前半、つまり階層の上下関係を組み替えるところは機械的な「作業」です。ほとんど頭を使う必要はありません。内容の検討は並び替えてからゆっくり行えばいいのです。複数の文章の内容を蛍光ペンでマークしたりマトリクスで整理したりする方法に比べると、消耗度は確実に少なくなります。

> ■定型的なアウトラインの場合、階層の上下関係を入れ替えることで、同じ内容を別の視点から立体的に眺めることができる。

3 4

複数の書きかけの文章を
管理する

プロセス型アウトライナーで扱うアウトラインは、
それ自体がひとつの文章であるだけでなく、
複数の文章の集合体でもあるという性質を持っています。

書きかけの文章をひとつのアウトラインに入れる

　私にとって、書きかけの文章の管理は長年の悩みでした。プライベートではブログやその他のネタ、仕事では自分のためのメモや各種の覚え書きなどです。

　最大の問題は、書きながらいろんなことを（しかも目の前のこととは関係ないことを）次々に思いついて収拾がつかなくなることです。ノートに書き込んだり、エディタのファイルに保存するわけですが、どこに何があるのかを把握するのは至難の業です。結果として、何か思いついたという記憶だけを残して、カオスに飲み込まれて消えてしまったものがたくさんあります。

　実は、この問題を解決したのもアウトライナーでした。簡単にいうと、未完成の文章はすべてひとつの巨大なアウトラインに入れてしまったのです。私がこの方法を使うようになったのは、2008年から2009年のことです。[*6] 最初のうちはブログのネタだけを入れていましたが、そのうちやりかけの翻訳や個人的なメモや書きかけのメールまで入れるようになりました。職場でも同じことをするようになりました。

　方法はとてもシンプルです。単純な2階層のアウトラインを作り、第

---

*6　当時は Mac の「OPAL」というアウトライナーを使っていました。

第1階層にタイトルを、第2階層以下に内容を入れるだけです。ここに内容も順番も関係なく、書きかけのものはすべて放り込みます。完成型に近いものもあれば、断片的なフレーズもあります。ポイントは、完成度を区別しないことです。当然、ここで「タイトル」といっているのは、その時点での仮のものです（タイトルがつかないような断片なら第1階層にそのまま内容を書き込みます）。

　時間があるときに、タイトルだけを表示させてアウトラインをブラウズします。互いに関係のありそうなものが見つかったら、近くにまとめておきます。続きを書けそうなものがあれば、下の階層を開いて加筆します。まとまりそうな項目があったら、その項目を集中して仕上げていきます。要するに、**複数の書きかけの断片をまたいで〈シェイク〉するわけです**。

　現在進行形で加筆している（ホットな）項目は、埋没しないようアウトラインの上の方に移動しておきます。文章が完成して公開や送信が終わったら、その項目は削除します。

　ここでは小さな思いつきの断片をキャッチし、発酵させ、組み立て、最終的に仕上げていくプロセスのほとんどが、ひとつのアウトラインの中で行われています。このときのアウトラインは、**アウトラインとしてはひとつでも、実態は複数の文章、あるいは「文章の構成要素」の集合体です**。

　この方法を使うようになってから、「書きかけの文章の管理」に悩まされることはなくなりました。以前ならどこかに書き込んだまま、埋没していた思いつきが、ひとつのアウトラインに入っていることによって、他の断片とともに常に目に入り、意識できるからです。目に入るからこそ、別の断片との関連の中で位置付けができ、成長を始めます。もちろん、最後までどこにも位置付けできず、「役に立たない」ことが判明する断片もあります。

　このことに気づいてから、仕事でもプライベートでも意識して、この方法を使うようになりました。

> ■書きかけの文章の断片を、内容・完成度を問わずひとつのアウトラインに入れる。このときのアウトラインは、ひとつの文章であると同時に複数の文章の集合体といえる。

アイデアの発酵

　この方法の意味は、単に管理が楽になることだけではありません。

　ここでは「文書ファイル」という概念がなくなっています。書きためるだけならテキストファイルでもできます。しかし、テキストファイルやワープロのファイルに書き込まれたアイデアは、否応なしに保存先のファイルに縛られます。ファイルはいくらでも自由に作れますが、書かれた内容はそのファイルに従属しています。そして、開いてみない限り中身に触れることはできません。そこには「ファイルの壁」があるのです。Evernoteのノートでも同じことがいえます。

　ひとつのアウトラインに書き込まれた断片は、どこにも従属しません。それ故に圧倒的に自由です。それぞれを独立した文章として扱うことも、文章の一要素として扱うこともできます。内容もまた、項目をまたがって移動します。そこに壁はありません。

　ファイルの壁から解放されることで、文章や思考の断片はアウトラインの中で文字通り温められ、発酵するようになります。**アウトラインが発酵槽のような働きをするのです。**

　いろんな文章の断片が内容問わず、分け隔て無く、ぎっしり詰め込まれたアウトラインがあります。ちょっと〈シェイク〉すれば項目同士が互いにふれ合い、引き寄せ合い、反発します。異質なもの同士が化学反応を起こし、新たな項目が生まれます。そしてまた他のトピックと接触します。

　見出し「A」の下にくくられた断片は「A」の要素です。この場合の「A」はタイトルに相当します。しかし、アウトラインを操作している

うちに見出し「A」のさらに上位の見出し「AA」が生まれるかもしれません（レベルアップです）。その瞬間に「AA」が文章のタイトルになり、「A」はその一要素になります。逆に文章「A」の要素として生まれた断片が意外な展開を見せて、最終的に文章「B」として独立することもあります。あるいは文章「A」や文章「B」をブラッシュアップしていく過程で削り落とされた断片が集まり、新たな文章「C」が生まれることもあります。これは、見出しと内容を区別しないプロセス型アウトライナーだからこそ起きることです。

ひとつのアウトラインにすべてを入れる。タイトルを付ける必要はない。保存する必要もない。形になった時点でアウトラインの中から切り出せばいい。この感覚は、慣れると実に自然に身体と思考に馴染みます。私たちの頭の中は、ファイル別にはなっていないのです。

また、この方法を使っていると書きかけのまま放置された断片が大量に発生しますが、そこにこそ意味があります。長く放置されていた断片も、集合離散するアウトラインの中であるとき位置付けが発見され、成長し、最終的に完成することがあります。

実際、アウトラインの中に数年間入れていた断片が、あるきっかけで、ブログのエントリーとして日の目をみたことがありました。埋もれていた断片が、たまたま書き込んだ新しい断片と引き合うことで成長を始めた結果です。独立したファイルに入っていたら、こういうことはなかったでしょう。

> ■複数の書きかけの文章にまたがって〈シェイク〉が行われることで、アウトラインが発酵槽のような働きをする。

新しい「速さ」の感覚

　この方法のもうひとつのメリットは「速い」ことです。あるソフトが「速い」というとき、それは起動や処理のスピードが速いことを指すのが普通です。もちろんそれは大事なことですが、ここでいいたいのはちょっと違う種類の速さです。

　たとえば、何か書くことを思いついたとします。それはひとつのフレーズかもしれません。全体の概要かもしれません。キーになるメッセージかもしれません。タイトルかもしれません。構成案かもしれません。今書いている文章とはまったく関係ないアイデアかもしれません。

　ワープロやエディタでファイルを作っている場合、それは今開いているファイルのどこかに書くべきなのか、別のファイルを開いてそこに書くべきなのか、メモ用のファイルに書くべきなのか、いちいち判断が必要になります。

　ちょっとしたことですが、この「判断」が馬鹿にできません。一瞬考えたために、何を書こうとしていたか忘れることもあります。判断を間違って、後から見つからなくなることもあります。なぜそういうことが起こるかというと、「ファイルの壁」があるからです。

　すべてがひとつのアウトラインに入っていれば、思いついたことは新しい項目を立てて書くだけです。新規ファイルを作る必要もなければ保存先を決める必要もありません。タイトルを付ける必要もありません。どこから書き始めるか迷うこともありません。ただ書いて、後から適切な場所に動かせばいいのです。全体を俯瞰して「適切な場所」を見つけ出して移動する。これこそがアウトライナーのもっとも得意とする作業です。そのことから来る、**書き手としての起動の速さです。**

　また、プロセス型アウトライナーでは、入れ替え・階層化する前の項目は等価・平等です。したがって前後の脈絡（先に述べるべきか後に述べるべきか。前提なのか結論なのか）も、階層レベル（森に相当するこ

となのか木に相当することなのか）も、入力段階では意識する必要があ
りません。だから順序や重要性に縛られることなく、思いつくそばから
入力できます。その**入力時の等価性から生まれるスピード感とリズム
感、そしてそれを高速でつなぎかえる感覚**です。

　さらに、アウトラインを折りたたんで全体を俯瞰し、気になるトピッ
クがあれば展開して細かいディテールに降りていく、その**「全体」と
「部分」、「概要」から「詳細」への切り替えの速さ**です。

　そうしたものの総体がアウトライナーの「速さ」です。

　アウトライナーは私にとって、スクロールのスピードが速いエディタ
よりも、感覚としては「速い」のです。

> ■ アウトライナーの「速さ」とは、書き手としての起動の速さ
> 　（ファイルの壁がない）、入力のスピード感とリズム感（項
> 　目の等価性）、視点の切り替えの速さ（全体と部分の行き来）
> 　などからくる感覚の総体。

「ひとつのアウトライン」をつきつめたWorkFlowy

　ひとつの文章であると同時に複数の文章の集合体でもあるというの
は、プロセス型アウトライナーが本質的に持っている特性です。プロセ
ス型アウトライナーの特徴は「項目を等価に扱い、見出しと本文を区別
しない」ことですが、それは必然的に「タイトル（≒ファイル名）も区
別しない」ことにつながるからです。

　しかし私は長い間、この特性に気づいていませんでした。たとえ、プ
ロセス型アウトライナーであったとしても、従来型のデスクトップアプ
リである限り、通常のワープロやエディタと同じようにアウトラインを
ファイルとして保存することになります。そうしているうちは、理論上
はアウトライナーの誕生当初から変わらなかったこの特性を、本当には

体感できなかったということでしょう（当初から体感していた人もいたはずだとは思います）。

　私が複数の文章をひとつのアウトラインに入れるようになったきっかけは、苦し紛れのようなものでした。しかし、ひとつのアウトラインの中で書きかけの断片が自由に結合し、分離しながら育っていく様子を目にしたとき、これはアウトライナーが本来持っている特性なのだとあらためて気づきました。同時に「見出し」だけではなく、「タイトル」も思考をしばっていたのだということを実感しました。

　この「ひとつの文章であると同時に複数の文章の集合体」という特性を仕様レベルで突き詰めたのは、私の知る限りではWorkFlowyが初めてです。WorkFlowyはひとつのアカウントにつき、ひとつのアウトラインしか作れません。本当にファイルの概念を捨ててしまったのです。

　それはWorkFlowyがクラウドサービスであること、つまりもともとローカルにファイルを保存する必要がないことと無関係ではないでしょう。クラウドと結びつくことで、プロセス型アウトライナーがもともと持っていた特性が浮かび上がってきたといえるかもしれません。

> ■ WorkFlowyは「ひとつの文章であると同時に複数の文章の集合体」というプロセス型アウトライナーの特性を仕様レベルで取り入れた。

「ひとつのアウトライン」を実用的にするZoom機能

　「ひとつのアウトライン」を実用的に使うための機能が、任意の項目を一時的に最上位の階層（≒タイトル）として表示する機能、WorkFlowyでいえば「Zoom」と呼ばれる機能です。

　あらためて、実際の文例でZoom機能の動作を見てみましょう。図3-10は「3.3　視点を切り替えて要約する」で使ったのと同じアウト

ラインです。以下が、Zoom前の状態です。

▼図3-10　Zoom前の状態

そして図3-11が「C社」にZoomした状態です。

▼図3-11　Zoom後の状態

先ほどまで「レポート」という文章の中の「C社」という項目だったものが、「C社」というタイトルの文章として表示されています。Zoom機能によって、複数の文章の集合体としてのアウトラインと、独立した文章のアウトラインを自然に行き来することができます。

実は、この機能自体は決して新しいものではありません。ThinkTankやMOREといった初期のアウトライナーは「Hoist（ホイスト＝巻き上げ）」[*7]という名前で同様の機能を備えていました。現在でも、この機能はWorkFlowyの専売特許ではありません。OmniOutlinerやOPALでは「フォーカス」、NeOでは「巻き上げ」、Treeでは「項目を別タブで表示」と呼ばれる機能がそれです。[*8]

しかし私も含めて、この機能の意味を本当には理解していなかった人が多いのではないかと思います。[*9]

その意味では、プロセス型アウトライナーはクラウドによって、そし

---

*7　ThinkTankやMORE：ThinkTankは1983年にリビングビデオテキスト社からApple II用として発売された最初のアウトライナー。作者はデイブ・ワイナー。その後IBM-PC用、Macintosh用などが開発されました。MOREはその後継として1986年に登場したMacintoshのアウトライナー。古いアウトライナー好きの間では名作中の名作として知られます。

*8　名称が統一されていないのは大きな問題です。個人的にはOmniOutlinerやOPALが採用している「フォーカス」が一番しっくり来ます。「Zoom」も悪くはないのですが、表示サイズの拡大・縮小を「ズーム」と呼ぶことが多いのがネックです。

*9　開発側も必ずしも意識していなかったのではないでしょうか。

3-4　複数の書きかけの文章を管理する

てWorkFlowyがはっきりと形にすることによって、初めてその本質を現した、古くて新しいツールといえるかもしれません。

> ■「ひとつのアウトライン」を実用的にしているのは、WorkFlowyのZoomに代表される「項目を一時的に最上位項目として表示する機能」。

ファイルやノート単位のほうが向いている用途

　さて、何でもひとつのアウトラインに放り込んでおけばいいのかというと、そうでもありません。

　「生きたアウトライン」は未完成なものを扱うのには最適ですが、完成品を保管しておくことには向いていません。完成した文章をアウトラインに入れたままにしておくと、再び断片の集合離反が始まります。「生きたアウトライン」は常に変わり続け、永久に完成しないという性質を持っているからです。一度アウトプットしたものが、原型をとどめなくなってしまう可能性もあります。

　完成品を保管して活用するためには、ファイル単位、あるいはEvernoteのように「ノート」単位で管理できるものがいいでしょう。

　これは、このPartの元になったブログのエントリーに対してTwitterでいただいたコメントから、あらためて気づかされたことです。

3-5 「文章エディタ」として アウトライナーを使う

アウトライナーの用途は「アウトライン」を
編集することだけではありません。
その機能は「文章そのもの」を書くことにも重宝します。

文章エディタ

　私のブログのエントリーは比較的短く、2000字を超えることはまれです。文中に見出しが入ることもほとんどありません。したがって、「アウトラインぽく」は見えません。

　それでもブログを書くにはアウトライナーが手放せません。理由のひとつは、先ほども書いたように書きかけのエントリーをすべてひとつのアウトラインに入れているからです。そして、もうひとつの理由が、「文章そのものを書くためにアウトライナーの機能を使っているから」です。その意味ではアウトライナーを「文章エディタ」として使っているといえるかもしれません。

　文章エディタというのは、若干の憧れを込めた造語で、「テキストではなく文章を扱うためのエディタ」という意味です。文章エディタというジャンルのソフトがあるわけではありません。

　エディタといえば「テキストエディタ」を思い浮かべると思います。そしてテキストファイルを編集するには、テキストエディタのほうが強力です。しかし「文章」はテキストファイルとは微妙に違います。だから、テキストエディタと文章エディタは似ているけれども、同じではありません。

　本来、ワードプロセッサーが文章エディタの役割を果たすはずだった

のだと思います。しかし、現状のワープロソフトが文章エディタになっているかというと、首をかしげざるを得ません。[*10]

今のところ私にとっては、OmniOutlinerやWorkFlowyなどのプロセス型アウトライナーが文章エディタ（の姿を垣間見せてくれる存在）です。最初のアウトライナー「ThinkTank」を生み出したデイブ・ワイナー[*11]は優れた物書きでもあります。ThinkTankは（そしてその思想を受け継いだプロセス型アウトライナーは）、物書きの思いを形にできた数少ないケースのひとつかもしれません。

以下は文章エディタとしてのアウトライナーの使い方の例です。

アウトライナーの機能を活かすための「仮見出し」

文章エディタとしてのアウトライナーを支えるのは「仮見出し」の使い方です。仮見出しとは、完成版の文章には残らない前提で、アウトライナーの機能を活かすために一時的に使用する見出しです。仮見出しには工夫次第で無限の使い方がありますが、そのうちのいくつかを紹介しましょう。

「未使用」見出し

典型的な仮見出しは、ここまで何度も登場している「未使用」見出しです。書いてはみたものの、使うかどうかわからない断片や、編集中に不要だと思った断片は「未使用」という見出しを立てて、とりあえずそ

---

*10 たとえばWordは「文章」というよりも「文書（ドキュメント）」を効率的に作成する方向に進化し、その後は時代の変化に応じてあらゆるものを取り込もうとして肥大化しました。2016年時点で新しい「文章エディタ」を指向しているアプリとしては「Scrivener」や「Ulysses」などがあります。私のニーズとはちょっと違いますが、いずれも文章を大量に書く人ならチェックして損はないアプリです。

*11 デイブ・ワイナー：最初のアウトライナーThinkTankの開発者でアウトライナーの父とも呼ばれます。アウトライナーの他、初期のMac用のスクリプト言語及びその実行環境であるUserland Frontier、ブログなどの更新を通知するRSSの規格策定、最初期のブログツールRadio Userlandなどの開発に関わり、パーソナルコンピュータ界に大きな影響を与えてきました。最近ではウェブベースのアウトライナーFargoを公開しています。最も古いブロガーのひとりでもあります。

の下に移動しておきます。

　文章を読みやすくするために、不要な文章をカットすることは必要不可欠ですが、せっかく書いたものを消すには勇気がいります。でも、「未使用」の下に「とりあえず移動」という形を取ることで、削る勇気とコストをほぼゼロにすることができます。これは野口悠紀雄さんが提唱した「バッファーボックス」(捨てるのに抵抗のある書類をとりあえず入れておく箱) と同じ考え方です。[*12]

　同じことはアウトライナーを使わなくてもできますが、アウトライナーのいいところは「未使用」を折りたたんでおけば、その存在をほとんど意識しないですむことです。

　また、いったん「未使用」に入れた内容をあらためて検討・整理するときにアウトライナーの機能を活かせることもポイントです。「未使用」の中で〈シェイク〉できるからです。〈シェイク〉によって再び生命が吹き込まれた断片は本文に戻っていき、残ったものは不要だと確信が持てたところで削除されます。

「未使用」は通常アウトラインの末尾に置いておきますが、私の場合、書きながら必要に応じてその場にどんどん作ってしまいます。「未使用はひとつしか作ってはいけない」などという決まりはありません。これで削るということの精神的負荷がいっそう軽くなります（もし邪魔なら、作業が一段落したときにまとめて末尾に移せばいいのです）。

　図3-12は、何年か前に書いたブログ記事のアウトラインです（アウトライナーはOmniOutlinerです）。

＊12　野口悠紀雄著『「超」整理法3―とりあえず捨てる技術』中央公論新社、1999年

▼図3-12　あちこちに「未使用」があるアウトライン

　末尾の他にも、文中に2箇所「未使用」があります。これは編集中にその場で不要な断片を落としたものです。末尾の「未使用」の下にさらに「未使用」があるのは、文中に散らばっていたものを作業が一段落したとき移動したからです。

流れをチェックするための仮見出し

　全体の流れをチェックするための仮見出しもあります。これも何度か登場しました。たとえばアウトラインを意識せず書かれた文章に、内容のまとまりごとに仮見出しを付けていきます。アウトラインを折りたためば、自分が「結果的に何を書いたか」がひと目で把握できます。

　これはフリーライティングの結果を確認するときや、書きかけの文章の中で流れの悪い部分、足りない部分、冗長な部分を見極めるときに重宝します。

編集用の仮見出し

編集中に大きなテキストの塊を移動したくなったら、適当な仮見出しを立てて移動したい部分全体を下位階層に落とします。[*13]仮見出しを折りたたむことで、大きなテキストの塊を楽に操作できます。

この場合の仮見出しは移動する範囲の目印のようなものなので、内容と無関係な文字列でもかまいません。私自身はこの目的に「AAA」「BBB」のような記号的な見出しを使います。移動先にも同じ文字列を入れておけば、離れた位置でも迷うことはありません。

以上のように、さまざまな目的の仮見出しをアウトライナーの機能と組み合わせることで、高機能なテキストエディタとはまた違った意味で、文章を効率的に編集することができます。仮見出しの使い方は、他にもいろいろと考えられます。共通しているのは、完成した文章には残らないということです。アウトラインは読者のためではなく書き手のための道しるべだということを一番わかりやすく示した使い方かもしれません。[*14]

> ■ 仮見出しには「削除のハードルを下げる」「書いてきたことを把握する」「大きなテキストの塊を楽に操作する」などさまざまな使い道がある。
>
> ■ 仮見出しとアウトライナーを組み合わせることで、高機能なテキストエディタとは違った意味で文章を効率的に編集できる。

---

*13　このような操作は、項目を等価に扱うプロセス型アウトライナーでなければ自由にできません。
*14　そもそもアウトライナーに入っているのはすべて「仮見出し」だともいえます。

センテンスを組み立てる

　アウトライナーの機能は、センテンスのレベルでも使うことができます。

　　たとえば
　　私は
　　ブログの
　　エントリーなどを
　　書くとき、
　　アウトライナーを
　　使って
　　かなり細かく
　　ほとんど
　　文節単位で
　　改行しながら
　　書いていきます。
　　こんなふうに
　　（人に見せると
　　驚かれます）。
　　細かく
　　改行しながら
　　入力していくことで
　　アウトライナーの持つ
　　項目の入れ替え機能を
　　センテンスの組み立てに
　　使うことができます。

　センテンスの断片をソーティングすることで組み立てていくのです。

これでカット＆ペーストすることなく、かなりの程度までセンテンスを組み立てられます。この場合はマウスではなく、ショートカットキーを使うのがいいでしょう。慣れるとほとんど無意識に指先で文章をくるくると入れ替えられるようになります。センテンスを選択してカット＆ペーストで編集するよりも、楽で根気がいりません。[*15]

　もちろん、最終的には行を結合します。アウトライン上で行ってもかまわないのですが、私自身はこの段階をテキストエディタに貼り付けて行います。Macの Jedit には、選択範囲の行を結合する機能が標準でついているので重宝しています。[*16]

　以上はアウトラインではなく、文章そのものを書く作業です。けれども項目の並び順を自由に入れ替えるという、アウトライナーの機能を前提にしています（普通のワープロやエディタでこれをやるのは厳しいでしょう）。

　この方法は好みが分かれると思いますが、個人的には文章のリズムとメロディを手先でコントロールしているような快感があります。[*17]

　ちなみに、センテンスを組み立てるときに、キーワードになる単語だけを羅列するとあまりうまくいきません。アウトライナーで操作するのは、文章の流れに組み込まれることを前提とした「言葉の流れ（フロー）」の断片だからです。

> ■ アウトライナーの機能を使ってセンテンスを楽に組み立てることができる。

---

*15　欠点は画面のスペースを食うことです（笑）。それでも使いやすいと感じるのは、書き出すフェイズと全体を見わたすフェイズを分けているからかもしれません。

*16　Jedit：http://www.artman21.com/jp/jedit_x/

*17　これに関して、私は「自分もやってみよう!」という人にまだ会っていません。

　OmniOutlinerはMac（OS X）のアウトライナーの老舗であり、デスクトップ型のプロセス型アウトライナーとしては今でも決定版といえます。iOS版もあるのでiPad／iPhoneユーザーであればモバイル環境からも利用できます（Mac版とアウトラインを同期できます）。

　WorkFlowyと比較すると特に「文章エディタ」として優れています。まず置換の機能を持っていること。置換機能がないことは、WorkFlowyで本格的に文章を書く際のネックのひとつです。

　カーソルの移動がエディタとして自然なこともポイントです。WorkFlowyではカーソルの上下移動で段落をまたぐとカーソルが行頭に飛んでしまうのですが、OmniOutlinerでは期待通りの動作をしてくれます。

　複数のトピックを選択しておいて一気にグループ化する機能は、ボトムアップ的な操作で威力を発揮します。

　細かい書式設定も可能で、階層ごとに書式を登録できるので、構造的な文章を見栄えよく印刷することもできます。

　もちろんプロセス型アウトライナーに欠かせないフォーカス機能（WorkFlowyでいうZoom）もあります。

　プロセス型アウトライナーですが、サイドバーにアウトラインの「目次」を表示できるので、2ペイン型アウトライナーの利点も合わせ持っています。

　欠点はWindowsで使えないこと、そして価格が高いことでしょうか。またiOS版アプリの使い勝手はよく考えられていますが、複数のデバイス間での同期の確実性に関しては、2016年初頭時点ではWorkFlowyが圧倒的に優れています。

▼図OO-1　シンプル設定にしたOmniOutliner

▼図OO-2　サイドバーに「目次」を表示させればプロダクト型アウトライナー的にも使える

▼図OO-3　3階層ごとに書式を設定する

OmniOutliner

Part

4

理解する・伝える・考える

アウトライナーは文章を書くこと以外にさまざまな用途で活用できます。それは広い意味での「考える」ことです。Part 4 ではアウトライナーで「考える」ことについて、実例を通して紹介します。とはいえ、やることは文章を書くときとまったく同じ、5つの〈型〉と〈シェイク〉を駆使することです。

◎ **Part 4の内容:**

○ 文章を読む

○ その場で考える

○ 共有する

○ タスクを扱う

○ ライフ・アウトライン

文章を読む

アウトライナーの機能は「書く」ことだけではなく、
より効率的に、そして深く創造的に
「読む」ことにも役立ちます。

構造を視覚化する

　他人の書いた文章でも、アウトライナーに取り込んでしまえば驚くほど立体的に把握できます。全体像を俯瞰しつつ必要に応じて詳細に下りていくことも、詳細を検討しながら全体の中での位置付けを確認することも、自由にできます。私は昔、官公庁の資料を読むときにずいぶん助けられました。

　と言っても、特別なことをするわけではなく、読みたい文章をアウトライナーに取り込んで、アウトラインを折りたたむだけです。これだけで構造を視覚化し、内容を効率的に把握することができます。[*1]

　ときには作成者の気づいていない論理のねじれや矛盾が発見できたりもします。世の中には「アウトラインがねじれた」文章が意外なほど流通していることを、この方法を実践して知りました。[*2]

　読みたい文章がMicrosoft Word形式で、作成者がアウトラインモードを使っているなら、モードを切り替えるだけでアウトラインが表示されるはずですが、そういうケースは多くないでしょう。[*3]

---

*1　考えてみれば自分が書いているときも、入力・編集中以外は書いたものを「読んで」いるわけです。

*2　もちろんこの段落は巨大なブーメランとなって自分に返ってきます。

*3　私自身は、人から受け取ったWord文書でアウトラインモードが正しく使われていたことは一度もありません。ただしこれは環境によるでしょう（アカデミックな現場などではきちんと使われている場合も多いはずです）。

その場合は、アウトライナーに取り込む作業が必要になります。テキスト中心の文章であれば、内容をコピーしてアウトライナー上にペーストしてしまうのが一番簡単です。[*4] そして読みながら見出しを付け、アウトライン化していきます。

便宜的に「見出し」という言葉を使いましたが、読むためのアウトラインが元の文章の見出しと一致する必要はありません。わかりやすい見出しを自由に付け、必要に応じて階層化していきます。自分の視点でアウトライン化していくのです。どの程度細かい見出しを付けるかは、用途と目的（そして好み）によって変わるでしょう。

見出し付け・階層化が終わったらアウトラインを折りたたみます。これで概要と流れをひと目で把握できます。詳しく読みたい部分があれば下位階層を開いて読めばいいわけです。「森」レベルと「木」レベルを自由に行き来しながら読むこの方法は、やってみると強力です。

デジタルデータが手に入らない文章の場合は少し面倒ではありますが、深く読み込みたいなら、この方法を使う価値はあります。書籍なら「目次」がそのままアウトラインのひな形になります。目次をアウトライナーに打ち込み、本文を読みながら該当の箇所にメモや引用を入れていけばいいのです。読書ノートをアウトライナーで作成するようなイメージです。もちろん目次はとっかかりであって、そのまま使う必要はありません。後から自由に変更すればいいのです。労力的にお勧めはできませんが、私は本を全文書き写したこともあります。

- 読みたい文章をアウトライナーに取り込むことで、文章の構造を視覚化し、内容が効率的に把握できるようになる。
- 見出しを自由に付けて、自分の視点でアウトライン化していく。

---

*4　たとえば WorkFlowy であれば、普通にテキストをペーストすれば改行ごとに項目として認識してくれます。

アウトラインを組み替えながら読む

　もっと積極的にアウトライン・プロセッシングのテクニックを活用することもできます。

　いったんアウトライナーに取り込んでしまえば、異なる文脈で出てくる関連した内容をひとつに束ねてしまうこともできます。もともとの文章を組み替えてしまうのです。

　これは執筆者の立場からすれば少々抵抗があるかもしれません。執筆者が意図した（そして苦労して組み立てた）文脈を解体してしまうことになるからです。

　しかし考えてみれば、昔から行われてきた「読書カードを取る」という行為は、提示された文脈から内容を切り離すことであり、実質的には同じことです。だから原文をリスペクトしつつ、堂々と行いましょう。

　すると、ただ読んでいたのでは見逃してしまうような矛盾が見えてきたりします。

　逆に一見無関係に見えながら、実は深く関連している要素があることがわかったりもします。

「何が書かれて何が書かれていないのか」「どの部分が厚くて、どの部分が薄いのか」も見えてきます。

　完成品の文章からは見えない執筆者の思考過程が想像できることもあります。

　他の著作のアウトラインと連結して内容を整理すれば、著者の主張の変化が見えてくることもあります。ときには、別の結論がいえることに気づくこともあるのです。

　これは自前の文章のアウトラインを操作しているときにしばしば経験することです。自明だったはずの結論が、アウトラインを操作しているうちに変わってしまうことがあるのです。

　アウトライナーは構築する道具であると同時に、構築されたものを流

動化させ、解体してしまう道具でもあります。

> ■ アウトライナーに取り込んだ文章は、自前のアウトラインと
> 同じように組み替えることで、完成品からは見えない背景や
> 構造をうかがい知ることができる

Column······3

カードとアウトライナー

　渡部昇一さんの『知的生活の方法』[*5]に、とても印象的なエピソードがあります。

　ドイツに留学していた若き日の氏は、指導教授から「研究対象の書物の内容を項目ごとに全部カードに取って比べながら考えていれば、偉い学者も著書の中でいい加減なことをいっていることに気づくだろう」とアドバイスされます。

　その通り実行したところ、当時その分野の権威だった学者の著書に欠陥を発見し、それが自分の論文のコアになったという話です。

　最初にこの話を読んだとき、カードの威力に衝撃を受けました（そして、まねもしました）。

　もちろん、このようにカードを使うのは大変な手間と根気が必要で、生半可な覚悟ではまねのできることではなかったのですが……。

　さて、『知的生活の方法』が書かれたのは1970年代、まして氏の留学時代は1950年代。当時はこういうことをするためにカードが必要だったのですが、今ならもちろんアウトライナーを使う場面です。「アウトラインを組み替えながら読む」というのは、まさにこの作業です。

---

*5　渡部昇一著『知的生活の方法』講談社、1976年

その場で考える

形式にとらわれず、気軽にアウトラインを作ることで、アウトライナーは日常的に「考える」ための道具になります。

使い捨てのアウトライン

　アウトライナーの恩恵を受けるのに身構える必要はありません。打ち合わせの前、ちょっと面倒な電話をかける前、プロジェクトがややこしいことになりそうなとき、冷蔵庫と相談しながら晩ごはんのメニューを考えるとき、一週間分の買い物をするとき、そんな場面で頭を整理するために気軽に作るアウトラインもあります。

　その場で作って用が済んだら捨ててしまうような、文字通り**「使い捨て」のアウトライン**です。

　個人的に使用するアウトライナーの利用頻度は、このようにカジュアルな使い方のほうがずっと多いかもしれません。むしろ力を抜いて使うほど、手放せなくなります。

　このようなときは、アウトラインの形にはこだわりません。書き出すだけで、階層化やトピックの入れ替えというアウトライナーの機能を使わないこともあります。それどころか、作っただけで後は見ないことさえあります。「頭の中を整理する」という目的が果たせればいいのです。

　図4−1は、ある日の使い捨てのアウトラインを再現したものです。

▼図4-1　ある日の使い捨てのアウトライン

▽20xx年12月19日
  ▽Work- 1
    ▽データ受け取りのタイミングについてBさんに確認
      ・制作チームが週末は動けない（Bさん）
      ・週末働くかどうかよりも受取日を予定通りでお願い（Tak.）
      ・再度検討して連絡（Bさん）
    ▽万一データが間に合わない場合の対策(-_-)
      ▽並行してCさんに依頼?
        ・追加コストが許容範囲か
        ・そもそもCさんは動けるのか
      ▽Cさんが動けない場合は?
        ▽選択肢
          ・自分でやる?　←本末転倒
          ▽別のデータを使う
            ▽利用可能なデータ
              ・データX　→費用かかる
              ・データY　→古い
              ・データZ　→費用かかる
      ▽いずれにしても追加コストがかかる
        ・そのコストを出せるならBさんにもっと払うべきだったかな（反省）
      ▽結論
        ・データZを押さえつつ、Bさんに再度連絡して追加費用払うので
          確実なデータの送付を依頼
        ・それで無理な場合は次回より発注先をCさんに変更
  ▽ランチ
    ▽野菜多めなやつ
      ・タイ料理?
      ▽中華?
        ・たんめん
    ▽魚
      ・△△屋
      ▽□□庵
        ・さわらの西京漬け　←決定!
  ▽Work- 2
    ▽クレームの件
      ・交換商品届かない
      ・昨日も同じようなクレームあり
      ・発送に何か問題あるかも
      ▽至急確認
        ▽確認方法（←らちがあかないようならこちらから指定）
          ・W社に確認
          ・工場のMさんに直接電話

> ■ 日常の些細なメモや考え事には、形にこだわらず用が済んだ
> ら捨ててしまうような「使い捨て」のアウトラインを使う。

些細なことをアウトライン化する効果

　何でも入れておける汎用のアウトラインをひとつ作っておいて、常に
開いておきます。リターンキーを叩けば新しい項目ができます。タイト
ルを考える必要も、保存する必要もありません。生活に密着した「考え
る」ことには、そのくらいの瞬発力とスピードが必要です。[*6]

　もちろんスピードだけではありません。考えようとしていることが意
外に複雑だったり、ややこしかったりしたら、階層化・折りたたみ・入
れ替えというアウトライナーの機能がいつでも助けてくれます。

　気軽というのは、普通ならわざわざアウトラインにしない些細なこと
にも使うということです。「今日のランチは何を食べるか」「もうすぐＡ
さんの誕生日だけど何をプレゼントしようか」「今度Ｂさんに久しぶりに
会うけれど、どんな話をしようか」「この間の打ち合わせでＣさんはこん
なことをいっていたけれど、どんな意図だったんだろうか」……など、
この種の「些細なこと」をアウトラインにする効果は侮れません。

　例によって、〈シェイク〉の効果でいろいろなことを思いつくのです。些
細なことを書き出すことで、些細ではないことを思いつくことも多々あり
ます。[*7]

> ■ 気軽にメモ感覚でアウトラインを作り、必要なら〈シェイ
> ク〉を駆使して深く考えられる。

---

*6　スマートフォンやタブレットで手軽にメモを取って、WorkFlowy に投げ込むことを目的とした
　　「MemoFlowy」のようなアプリもあるので便利です（http://www.nap.jp/michi/ios/
　　MemoFlowy/memoflowy-ja.html）。

*7　やってみるとわかります。

4-2　その場で考える　　　　　　　　　　　　　　　　　　　　　　　　141

共有する

グループで話し合って、考えたり情報を共有したりする場でも、
アウトライナーは役に立ちます。
場合によっては、PowerPointなどの
スライド型プレゼンテーションよりも有効です。

ミーティング資料をアウトライナーで作る

　会議やミーティングのとき、PowerPointやKeynoteなどで資料を用意することは多いと思います。

　でも、みんなで話し合ったり考えたりする場でPowerPointのスライドが壁に映っていて、各自がノートやPCにメモを取っているという光景は、考えてみれば妙なものです。せっかく資料が共有されているのに、それを元に議論した結果が共有されていないからです。

　PowerPointもKeynoteも優れたアプリですが、本来は決まったストーリーに沿って一方的に情報を伝えるためのものです。そのため、スライドを一定の順番で並べなければならないようになっています。また、そのように使って、初めて有効なのだと思います。

　昔ながらの黒板やホワイトボードという手もありますが、あまりフォーマルでないミーティングであれば、アウトライナーも有効です。

　たとえばミーティングの前に、今日話したい内容（アジェンダ）のアウトラインを作っておきます。アウトライナーの画面をモニターやプロジェクターで共有しながら話を進めます。どの程度詳細なアウトラインを作るかは状況や目的によりますが、たとえば、図4−2のような感じでしょうか。

　最初は全体像が見えるように折りたたんでおきます。これで、今日の

> **▼図4-2　アジェンダのアウトライン**
>
> ▷定例ミーティング
> 　▽4月25日(月)
> 　　▽1.先週の活動報告
> 　　　▷Aチーム
> 　　　▷Cチーム
> 　　▽2.XシステムについてのA社評価(続報)
> 　　　▷旧システムからの移行状況
> 　　　▷ヘルプデスクから
> 　　▽3.C社の運用試験遅延への対応
> 　　　▷修正スケジュールをどうするか
> 　　　▷年内に試験が完了しない場合の対策
> 　　▽4.Xシステム2.1の開発状況
> 　　　▷開発チームより
> 　　▷未使用

議題を参加者が共有することができます。

　ミーティングが始まったら、まず「1」のパートだけを展開します。PowerPointのスライドと違うのは、議論したことをアウトラインの中に、直接書き込めることです(いずれにしてもメモは取るので、誰かが代表で書けばいいのです)。これで「何が話されて、何が決まったか」をその場の全員が共有できます。

「1」のパートが終わったら、今度は「2」を開いて同じことを繰り返します。議題が完了するまでこれを繰り返します。

　この方法のメリットのひとつは、今議論している部分だけを展開し、後は折りたたんでおくことで、集中しやすくなることです。同時に全体像は常に見えているので、現在の議論の位置付けもはっきりします。

　とはいえ脱線することもあるし、雑談だってあるでしょう。活性化したミーティングであれば、議論に触発されて予定外の「いいこと」を思いついてしまうものです。予定外の内容であっても記録しておくべきと思うなら、気にせずその場に書き込んでしまうか、例によって「未使用」の下に入れておきます。

　最後にアウトラインをすべて展開し、全員で内容を確認しながらその

場でアウトラインを整理していきます。予定外の内容は、収めるべき場所があれば移動し、なければ「未使用」に入れます。「未使用」の中身が多ければ、グルーピングして整理します。重要な内容であれば、アウトラインの方を修正して組み込みます。最後に全体を確認し、異論がなければアウトラインをそのまま議事録として配布します。[*8]

　これをアウトライン・プロセッシングとしてみれば、アジェンダが仮のアウトライン、ミーティングで〈シェイク〉して、完成したものが議事録ということになります。

「ひとつの文章であると同時に、複数の文章の集合体でもある」というプロセス型アウトライナーの特性を活かして、同じプロジェクトのミーティング資料はすべてひとつのアウトラインに入れておいてもいいでしょう。[*9] 過去に議論した内容を確認することも容易だし、次回のミー

▼図4-3　同じプロジェクトのミーティング資料をひとつのアウトラインに入れる

```
▽定例ミーティング
   ▽4月4日(月)議事録
   ▽4月11日(月)議事録
   ▽4月18日(月)議事録
   ▽4月25日(月)
      ▷1.先週の活動報告
      ▷2.XシステムについてのA社評価(続報)
      ▷3.C社の運用試験遅延への対応
      ▷4.Xシステム2.1の開発状況
      ▷未使用
   ▽5月2日(月)※予定
      ・A社へのシステム2.1機能紹介のタイミング
      ・C社との関係見直しについて
      ・GW中の顧客対応の確認(特にC社の対応)
   ▽5月9日(月)※予定
```

---

*8　「議事録にはポイントだけを書け」などと言われますが、「ポイントだけ」の抜き書きからは往々にして現場の空気感のようなものが欠落します。作成者が「ポイント」と思ったことが別に人にとってそうではないという場合もあります。決定事項だけではなく、細かい議論の経緯が知りたい人もいるでしょう。アウトライナーによる議事録は無理に「ポイントだけ」抜き書きする必要はありません。アウトラインを折りたたんで全体像を頭に入れた上で、各自が必要な部分をスキミングできるからです。

*9　WorkFlowy ならごく自然にそうなるわけですが。

ティングで話し合うべき課題が出てきたら、その場で次回のパートに書き出してしまうこともできます。

　欠点はテキスト中心になってしまうことですが、どうしても図解や表が必要なら別ファイルを作っておいて、手動で開けばいいでしょう。デザインやビジュアルを考えなくて済む分、事前準備が格段に楽だという点も見逃せません。

> ■ アウトライナーによるミーティング資料は、議題の全体像と議論の位置付けが楽に把握できる上に、資料作成が楽。議論した内容をアウトラインに書き込んで整理すれば、そのまま議事録になる。

プレゼンテーション

　それでは、いわゆる「プレゼンテーション」はどうでしょうか。議論を伴わない、どちらかというと一方的に情報を伝達するような場面です。

　製品発表会やクライアントへの企画提案にはアウトライナーは向かないでしょう（そういう場でこそPowerPointやKeynoteです）。ただし、発表者自身も座って話をするようなインフォーマルな場なら、アウトライナーも有力な選択肢になります。たとえば小規模な講義やゼミのような場面です。

　使い方は会議やミーティングのときと同じです。事前に作っておいた資料のアウトラインをプロジェクターで映しておきます。アウトラインで全体像を示した上で、パートごとに折りたたみ・展開しながら説明していきます。違うところは、最初から細部まで書き込まれていることでしょうか。

　話の全体像と今話している部分の位置付けを把握しやすいので、目的

によってはスライドより有効でしょう。スライド型のプレゼンテーションが**説得のためのストーリーを伝える**ことに向いているとしたら、アウトライナーはじっくり**体系的に理解してもらう**ことに向いている、といえるかもしれません。

ストーリーや体系がかっちり決まっていない場合や、状況によって話が行きつ戻りつするような場合には、「話しながらその場でアウトラインを作る」という方法もあります。

アウトライナーの生みの親であるデイブ・ワイナーが、アウトライナーの歴史と自身のキャリアについて、アウトラインを作りながら説明する動画があります。[*10]日本語字幕はついていませんが、元祖アウトライナー使いであるワイナーがアウトラインを作っていく様子には、一見の価値があります。

ワイナーは話を進めながら即興でアウトラインを組み立てていきます。話の足跡がリアルタイムでアウトラインとして画面に残り、適宜組み替えられることで整理され、位置付けられていきます。切りのいいところでアウトラインは折りたたまれ、その時点での話の全体像が示されます。

特筆できるのは、**話し手の思考過程をそのまま見せる**効果があることです。その意味では、スライドというよりも黒板やホワイトボードの代わりといえるかもしれません。

- 説明資料としてのアウトライナーは、内容をじっくり体系的に理解してもらうのに向いている。
- 話しながらその場でアウトラインを作ると、話し手の思考過程をそのまま見せる効果がある。

---

*10　デイブ・ワイナーが語りながらアウトラインを作る動画：https://www.youtube.com/watch?v=mgUjis_fUkk

紙面版 # 電脳会議 **一切無料**

今が旬の情報を満載してお送りします!

『電脳会議』は、年6回の不定期刊行情報誌です。A4判・16頁オールカラーで、弊社発行の新刊・近刊書籍・雑誌を紹介しています。この『電脳会議』の特徴は、単なる本の紹介だけでなく、著者と編集者が協力し、その本の重点や狙いをわかりやすく説明していることです。現在200号に迫っている、出版界で評判の情報誌です。

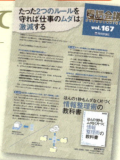

毎号、厳選ブックガイドもついてくる!!

『電脳会議』とは別に、1テーマごとにセレクトした優良図書を紹介するブックカタログ（A4判・4頁オールカラー）が2点同封されます。

電子書籍を読んでみよう！

技術評論社　GDP　検索

と検索するか、以下のURLを入力してください。

https://gihyo.jp/dp

1. アカウントを登録後、ログインします。
   【外部サービス（Google、Facebook、Yahoo!JAPAN）でもログイン可能】
2. ラインナップは入門書から専門書、趣味書まで1,000点以上！
3. 購入したい書籍をカートに入れます。
4. お支払いは「**PayPal**」「**YAHOO!**ウォレット」にて決済します。
5. さあ、電子書籍の読書スタートです！

- ●**ご利用上のご注意**　当サイトで販売されている電子書籍のご利用にあたっては、以下の点にご留意く
- ■**インターネット接続環境**　電子書籍のダウンロードについては、ブロードバンド環境を推奨いたします。
- ■**閲覧環境**　PDF版については、Adobe ReaderなどのPDFリーダーソフト、EPUB版については、EPUB
- ■**電子書籍の複製**　当サイトで販売されている電子書籍は、購入した個人のご利用を目的としてのみ、閲覧、ご覧いただく人数分をご購入いただきます。
- ■**改ざん・複製・共有の禁止**　電子書籍の著作権はコンテンツの著作権者にありますので、許可を得ない改

チームでのアウトライン・プロセッシング

本書は原則として汎用の技法としてのアウトライン・プロセッシングについて扱っていますが、ここはWorkFlowyの話です。

WorkFlowyはユニークなコラボレーション機能を持っています。アウトライン項目を公開し、シェアすることができるのです。

シェアしたい項目のURLを発行する機能があり、URLをメンバーに伝えることで、相手はその項目（及びその下位項目）を閲覧または編集できるようになります。

また、メンバーがWorkFlowyのアカウントを持っていれば、各自が自分のアウトラインにシェアされた項目を組み込むこともできます。

ここのところ、私の周囲ではこの機能が掲示板代わりに多用されています。参加メンバー全員に共有アウトラインのURLを伝えます。後は話題ごとに項目を立てて、会話をその下にぶら下げていくだけです。WorkFlowyのタグ機能や検索機能の使い方を工夫することで、膨大なアウトラインの中から目的の箇所（たとえば自分宛の項目）を即座に抜き出すことができます。うまく使うと、本物の掲示板よりも使い勝手がいいと感じます。[*11]

さらに普通の掲示板にはまねできないのが、アウトライナーの機能を使って、後から議論の一部を切り出し、内容を整理できることです。これは、議論の内容を活用するときに非常に役立ちます。

私の経験で特に興味深いと思ったのは、「10人以上で、ひとつのアウトラインを編集しても破綻しなかった」ことです。

理由のひとつには、編集内容が即座に反映され、変更の競合がほとんど発生しないWorkFlowyの優秀さがあります。[*12]

---

*11 このあたりの工夫や裏技が、熱心なユーザーによって日々生まれています。

*12 これは保存が自動的に行われることと、更新が項目単位で行われることによります。競合するのは同じ項目を同時に編集したときだけです。他のアウトライナーのファイルをDropboxで共有しても同じようにはいきません。保存が手動かつファイル単位だからです。

しかしそれだけではなく、おそらくプロセス型アウトライナーの本質も深く関わっています。

　メンバーが好き勝手にアウトラインを編集すると、一時的にアウトラインは崩れます。あるいはいびつに偏った形になります。

　しかしある時点で誰かが見出しを立てて、新しく加わった内容を整理します。そして別の誰かが元のアウトラインのどこかに組み込みます。

　いつの間にか新しい項目を吸収する形でアウトラインが変わっていきます。そして新しいアウトラインに刺激された誰かがまた新たな項目を立てるのです。

　つまり、**メンバー間でごく自然に〈シェイク〉が行われているのです**。そしてアウトラインはコンスタントに編集されながら、混乱状態に陥ることなく成長を続けます。

　もちろん、これは仲間内の比較的ゆるい集まりでの例なので、もっとシビアなプロジェクト、たとえばビジネスにおいて、このやり方が同じように機能するとは限りません。また、自分の発言が別の人に意図しない編集をされてしまう可能性が問題になる場面もあると思います。

　私自身が課題に感じているのは、「思考をどのようにアウトラインに反映するかは人によって違う」ということです。

　他人の組み立てたアウトラインは、頭に入りにくいことがあるのです。これは、アウトラインの共有ができるようになって初めて意識したことです。

　とはいえ、そうした課題は運用しながらノウハウを蓄積していくことで解決していけるはずです。

　ここには確かに、知的コラボレーションの新しい可能性があります。そして〈シェイク〉が、本書のテーマである**「個人が文章を書き、考える」**ことだけではなく、使い方によっては**「チームで考える」**ことにも有効であることも示されています。

　WorkFlowyはチームでのアウトライン・プロセッシングの大きな可能性を、そしてそれが個人のアウトライン・プロセッシングの延長線上

にあることを教えてくれます。

> ■〈シェイク〉は個人が「文章を書き、考える」だけではなく「チームで考える」際にも有効。

4-3 共有する

Column……4

ビル・ゲイツがデイブ・ワイナーを
買わなかった話

　私が本格的にアウトライナーフリークになったのは、奥出直人さんの『思考のエンジン』[*13]と『物書きがコンピュータに出会うとき』[*14]を読んでからです。

　そこで紹介された「MORE」や「GrandView」といった初期の名作アウトライナーたちは憧れの存在でした。いずれもリビング・ビデオテキスト社（そして同社を買収したシマンテック社）の製品です。リビング・ビデオテキストは、最初のアウトライナー「ThinkTank」の作者デイブ・ワイナーが興した会社です。

　そのリビング・ビデオテキストがもう少しでマイクロソフトに買収されるところだったという逸話を、ワイナー自身がブログで紹介しています。[*15]

　MOREはアウトライナーとしての機能の他に、アウトラインをスライドに変換する機能も持っていました。

　つまり、今日のプレゼンテーションソフトの元祖（のひとつ）でもありました。

　マイクロソフトは（MOREを手に入れるために？）、リビング・ビデオテキストを買収しようとしました。

　ビル・ゲイツ自身が話を持ちかけ、ワイナーも乗り気だったということです。しかし話がまとまる寸前で、マイクロソフトはフォアソート社の買収に乗り換えました。フォアソートもプレゼンソフトを

---

*13　奥出直人著『思考のエンジン』青土社、1991 年
*14　奥出直人著『物書きがコンピュータに出会うとき』河出書房新社、1990 年
*15　http://scripting.com/stories/2010/04/10/microsoftRejectionLetter19.html

作っていました。それがPowerPointです。

　結局リビング・ビデオテキストはシマンテックに買収され、MOREやGrandViewはしばらくの間同社から販売されますが、やがて消えていくことになります。

「もしも、マイクロソフトが手に入れたのがリビング・ビデオテキストだったとしたら、今ごろは日々アウトライナーで仕事することが当たり前の時代になっていたのかもしれない……」

　と私はときどき考えます。

4 4

タスクを扱う

現代を生きる上で、大きな課題のひとつがタスク管理です。
アウトライナーはその初期からタスク管理に使われてきました。
実際には、アウトライナーでタスクを扱うことは、
単なる「タスク管理」以上の意味を持ちます。

アウトライナーによるタスク管理

　誕生当初から、アウトライナーのもっとも一般的な利用法のひとつがタスク管理でした。ここでいうタスク管理には、シンプルなTo-Doリストから複雑なプロジェクトの管理までを含みます。
　今では優れたタスク管理アプリが数多く手に入ります。
　それでもアウトライナーは依然として強力なタスク管理ツールであり続けています。タスク管理とはリストの操作なので、もともとアウトライナーとは相性がいいのです。でも、それだけではありません。
　タスク管理アプリについて考えてみましょう。私自身もたくさんのタスク管理アプリを使ってきました。よく考えられていて素晴らしいものもありました。でも、本当の意味でしっくりくる、自分自身のためのツールだと感じられたものはありませんでした。それはやはり「他人が作った枠組みで自分のタスクを管理している」感覚があったからです。
　タスク管理とは、もっともプライベートな物事のひとつなのです。
　結局、私は毎回のようにアウトライナーに戻ることになりました。アウトライナーを使うメリットは、**タスクの扱い方を自分で決められること**です。決して万人向けではありませんが、さまざまなタスク管理アプリを使ってみても、常にどこかに不満があるという人には、アウトライナーは救世主になるかもしれません。

152　　　　　　　　　　　　　　　　Part 4　理解する・伝える・考える

といっても、決められた枠組みがないということは、やり方を最初から最後まで自分で決めなければならないということです。いきなりゼロから作るのは大変なので、とりあえず既存の枠組みを借りて、タスクを扱うアウトラインを作ってみることをお勧めします。それをベースに自分の枠組みを作っていけばいいのです。

> ■ アウトライナーでタスクを扱うメリットは、タスクの扱い方を自分で決められること。

タスクのアウトラインを作る

　出発点として、既存のタスク管理の手法の中から自分に合ったものをアウトライナーの上に乗せてみましょう。いろいろありますが、シンプルな例をいくつか紹介します。

デイリー／ウィークリー型
　もっともシンプルなタスク管理はデイリータスクリスト、つまり「今日やることのリスト」です。タスク管理の原点のようなものですが、強力な方法です。これを「デイリー型」と呼びましょう。
　やり方は簡単です。今日の日付の下に今日しなければならないこと、やりたいことを書き出します。次に項目を並べ替えます。並び順は実行順でも優先度順でもかまいません。この融通無碍なところがアウトライナーの良さです。

4-4　タスクを扱う　　153

▼図4-4　デイリー型

▽2016/01/07（木）
・書籍のアウトラインの再検討
・G社Mさんと電話で打ち合わせ
・書籍の図版を作成
・部屋に掃除機をかける
・母に電話
・買い物
・エアコンのクリーニング業者を探す

　後は時間がなくなるまで、一つひとつ実行していくだけです。もし途中で状況が変わったら、その時点で必要に応じて加筆し並び替えます。これで、たとえ全部終わらずに時間切れになったとしても、常に可能な範囲でベストの選択を行っていることになります。翌日は今日の残りも含めて、あらためてリストアップします。これを毎日繰り返します。

　同じ考え方で、今週やることのリスト（ウィークリー型）を作ってもいいでしょう。デイリーと同じ考え方で、週の初めに「今週やること／やらなければならないこと」を書き出します。内容の抽象度はデイリーよりも高くなります。

　また、ウィークリーとデイリーを組み合わせて使うこともできます。毎日デイリータスクリストを作るときに、ウィークリーからその日に実行する分を移動してくるというような使い方です。今日終わらなかったものは再検討して、翌日分のデイリーに送るか、ウィークリーに戻します。

▼図4-5　ウィークリー型とデイリー型の併用

▽2016/01/07（木）
・書籍のアウトラインの再検討
・G社Mさんと電話で打ち合わせ
・書籍の図版を作成
・部屋に掃除機をかける
・母に電話
・買い物
・エアコンのクリーニング業者を探す

```
▽Week
  ・Pさんに取材依頼
  ・第1稿を送付
  ・部屋をすっきり（年末締め切り祭りからの回復）
  ・外付けモニターとキーボードを購入
  ・首痛の病院
  ・J社Fさんに新年の挨拶（兼営業）
```

　マンスリー（今月やること）や、イヤリー（今年やること）も可能ですが、そこまでスパンが長くなると、次の「マスタータスクリスト型」を採用したほうがいいかもしれません。

マスタータスクリスト型

　タスクを「今日」「今週」「今月」などという期間で区切るのではなく、すべてをひとつの大きなリストに入れる方法です。

　「やりたいこと、やらなければならないこと」を思いつく限り書き出して整理します。整理の考え方はここでも自由です。必要に応じて、内容別（プロジェクトやクライアントなど）、重要度、優先度、実行順などを組み合わせることになるでしょう。たとえばプロジェクト別にグルーピングした上で、プロジェクト自体は重要度順に、プロジェクトの内容は実行順に並べるというようなことが考えられるでしょう。

　マスタータスクリストは、人によっては数百項目にもなるかもしれま

▼図4-6　マスタータスクリスト型の例

```
▽マスタータスクリスト
  ▽G社プロジェクト
    ▽原稿を送付
      ・アウトラインの再検討
      ・G社Mさんと電話で打ち合わせ
      ・図版を作成（No.1〜10まで）
  ▽J社プロジェクト
    ・J社Fさんに新年の挨拶（兼営業）
```

```
▽アウトライナー本2（仮題）
  ・Pさん取材
▽年賀状
  ・デザインを決める
  ・プリンターのインクを補充
  ・印刷
  ・住所書き
  ・コメント書き
  ・投函
▽眼鏡の調整
  ・眼科の予約
▽首痛の病院
  ・整形外科の予約
▽エアコンクリーニング
  ・業者の空き状況の確認
・外付けモニターとキーボード購入
▽確定申告
  ・用紙の受け取り
  ・医療費の計算
  ・経費の計算
▽ルーチン
  ・部屋に掃除機をかける
  ・デスクを拭く
・買い物
```

せん。そういう場合は、デイリーやウィークリーと組み合わせて使うのが実用的です。マスターで抱えているタスクの全体像を把握した上で、「今日やること、今週やること」に落とし込んでいくという使い方です。

目標ブレイクダウン型

目標ブレイクダウン型は「目標」や「ゴール」をまず設定し、それを文字通りブレイクダウンする形でタスクを書き出していく方法です。デイリー／ウィークリー型やマスタータスクリスト型が個別のタスクを取り込んでいく、ボトムアップ的なアプローチだったのに対して、こちらはトップダウン的です。

「目標」「ゴール」のレベルはさまざまです。ブレイクダウンした項目の

扱い方は、それによって変わってくるでしょう。

　たとえば「○○の資格を取る」というような具体的かつ期間を設定できる目標なら、下位項目は実現までの手順になるでしょう。もちろん実行順にソーティングされます。それをチェックしていけば、進捗の確認もできます。

　一方、「話をきちんと聞ける人間になる」というような漠然とした目標なら、下位項目はむしろ「そのためにできることは何か？」というアイデアを出す場になるかもしれません。その中から毎日ひとつ選んで実行してもいいでしょう。「今月は書き出した10項目のうち5項目以上実行する」というようなやり方もあります。ここもまた融通無碍です。

　いずれにしても、抽象的な目標やゴールは、具体的かつ実行可能なタスクのレベルにまでブレイクダウンしていくということです。

▼図4-7　目標ブレイクダウン型の例

▽今年の目標
　▽目標1　セルフ・パブリッシングで電子書籍を出版する
　　・原稿を用意する
　　・原稿の校正
　　・epubファイルを作る
　　・アップロード
　　・ランディングページを作る
　　・ブログで宣伝する
　▽目標2　気に入ったものだけを周りに置く
　　・本当には気に入っていないものを1日1個捨てる
　　・自分が好きなものの基準・共通点を書き出す
　　・買おうと思ってから2週間待つ
　▽目標3　身体を引き締める
　　・スナック菓子は週末のみ
　　・入浴前に筋トレ
　　・毎日体重を計る

シェイクとカスタマイズと自由

いくつかのタスク管理の手法をアウトライン上に乗せてみました。タスク管理の考え方は無数にあります。もっと複雑で大規模なシステム、たとえばデビッド・アレンの提唱したGTD（Getting Things Done）の考え方をそのまま乗せることもできます。これだけでも、充分便利に使[*16]うことができますが、それだけにとどまりません。

タスクリストは通常は単なる箇条書きにすぎませんが、アウトライナーの中でなら実行順に並べ替えることはもちろん、グルーピングして整理することも、さらに細かいレベルにブレイクダウンすることもできます。

「関連するタスクはまとめて実行」「なかなか手が付けられないタスクは細かく分割」などと言われていますが、アウトライナーの中ではそれが実に自然かつ楽にできます。こうしたことは、アウトライナーを使って[*17]いると当たり前に思えるのですが、専用のタスク管理アプリでは簡単にはできなかったりします。

「デイリーに登録したタスクが複数のタスクにブレイクダウンされ、さらに他のタスクとの関係で新たなプロジェクトが生まれ、とても一日では手に負えないのでいったんマスターリストに戻す」などということも頻繁に起こります。「今日やること」を整理していたところから、それまで意識していなかった、より長いスパンのプロジェクトが生まれるわけです。

これは、**タスクリストの中で〈シェイク〉が行われているということです**。タスクリストは、アウトラインの中で自然に〈シェイク〉されることで成長します。これも、決められた構造の中でタスクを扱うツール

---

*16　GTD：Getting Things Done の略で、デビッド・アレンが 2002 年の同名の著書で提唱した個人向けのワークフロー管理手法。2015 年に 02 年からの変化を踏まえた改訂版が出版された。今日のタスク管理のバイブル的存在のひとつ。邦訳（改訂版）は田口元訳『全面改訂版 はじめての GTD ストレスフリーの整理術』二見書房、2015 年。

（デジタル、アナログを問わず）にだけ触れていると、意外に気づかないことです。

〈シェイク〉とはトップダウン思考とボトムアップ思考を行き来することでした。そのことを意識すれば、マスタータスクリスト型と目標ブレイクダウン型のような一見反対に見えるアプローチが、実は相互補完の関係にあることも実感できるはずです。

しかし、アウトライナーの威力を本当に実感するのは、既存の手法を取り入れるだけではなく、**さまざまな手法の中から自分に合ったものを選び、好きなように組み合わせ、カスタマイズしたとき**です。[18]

アウトライナーの中では、自分に合った枠組みを自由に組み立て、必要に応じて修正していけます。アプリやツールの枠組みに合わせるのではなく、**自身のニーズのために個人的な環境をアウトライナーの中に組み立てていけるのです。** この柔軟性は、タスクの繰り返し設定や、日付設定などができないという不便さを補って余りあります。[19]

> - タスクリストはアウトライナーの中で〈シェイク〉されて成長する。
> - アウトライナーでのタスク管理は、ニーズに合わせてさまざまな手法を自由に組み合わせて使うことができる。

---

[17] あまりにも自然で楽なので、特に言われなくても自然にやってしまいます。

[18] 私自身が使っているアウトラインの中には、上で紹介したすべての手法の要素（そしてそれ以外の要素も）が少しずつ入っています。

[19] これがアウトライナーでタスクを扱うときのネックであることは間違いありません。でも考えてみれば、たいていの環境にはなんらかのカレンダーやスケジューラーが入っているはずです。私は単純にそれらを併用することにしています。

4-4　タスクを扱う

タスクを「考える」ツール

もう一度タスク管理アプリとアウトライナーを比較してみましょう。

専用のタスク管理アプリは便利で高機能ですが、そのアプリが提供する枠組みにしたがわなければなりません。既製品の枠組みに自分の頭の動きがうまく合致するとは限りません。逆に枠組みに縛られて頭が働かなくなってしまうこともあります。それはあたかも「先にアウトラインを作って文章を書こうとする」ようなものです。

さまざまなタスク管理アプリがある中で、アウトライナーが依然として強力なツールであり続けているのは、タスクを「考える」ことができるからです。

タスクを「管理」することとタスクを「考える」ことは、似ているようで違います。

自分が何をやりたいか。何をするべきか。そのためのアクションは何か。今どんなタスクを抱えていて、それらはどのプロジェクトと結びついているか。

これらを特定するには、かなり高度な思考を要求されます。どれだけ機能が充実していても、考えられなければ意味がありません。自由に考えられることが大切なのです。それは文章を書くときと同じです。

文章のアウトラインと同じように、タスクのアウトラインも〈シェイク〉することで成長していきます。その意味では「自由に枠組みが作れる」というよりも「タスクを考えているうちに自然に枠組みができていく」というほうが近いかもしれません。

そして、アウトライナー上でタスクを考えていると、もうひとつ気づくことがあります。それは「タスク以外のこと」を自然に書きたくなってくるということです。

たとえば「ブログを書く」というタスクがあるなら、その場に下書きを書いてしまいたいのです。「A社と費用の交渉をする」というタスク

があるなら、どんなふうに交渉するのかまでその場で考えたいのです。

アウトライナーの中でタスクを扱っていると、深く考えるまでもなくそうするようになります。とても自然で直感的な感覚です。

何より重要なのは、その結果としてまた新たなタスクを思いつくことです。タスクはタスクだけでは完結しません。頭の中では夢想から物思い、実際の行動まで、すべてがつながっているのです。

タスクを「考える」ためには、タスクを書き出しただけではすまない。これも既成のタスク管理ツールでは気づきにくいことです。

タスクリストのつもりで作っていたものは、〈シェイク〉を繰り返しているうちに、仕事や生活や人生のいろんなものが渾然一体となった、タスクリストとは形容しがたいものになっていきます。

私はそれを「ライフ・アウトライン」と呼んでいます。

> ■ アウトライナーがタスクを扱うツールとして強力なのは、タスクを「考える」ことができるから。
> ■ タスクを本当に「考える」ためには、タスク以外のことも扱う必要がある。

ライフ・アウトライン

タスクについて本当に「考える」ためには、
タスク以外のことも同時に扱う必要があります。
そこでは個人の生活と人生、つまり「ライフ」を扱うことになります。

ランダムな思いつきの中にあるヒント

　朝の通勤電車の中などでは、実にいろいろなことが頭に浮かびます。仕事のことだけではありません。休みの日にやりたいこと、ブログのネタ、最近実家に電話してないこと、カレーが食べたいことなど、それはもうランダムです。

　その中で、個人的に一番価値があると思うのは、折に触れて浮かんでくる欲望や願望の切れ端です。私は、ライフログを取ることは得意ではありませんが、泡のように浮かんでくるさまざまな思いつきを記録しておくことには確かに意味があると思います。

　そこには「自分が本当はどこに向かいたいのか」「本当は何をしたいのか」のヒントがたくさん含まれています。人には見せられない、文字通りの「個人情報」です。

　もちろん、ナマの欲望や願望なので荒唐無稽であり、エゴイスティックであり、エロティックであり、子どもっぽいものです。大人である私たちはついつい自制して、それらを闇に葬ってしまいがちです。

　でも、そういった欲望や願望を人や社会との関係の中で意味あるものとして提示し、相互作用することが「生活＝生きる活動」なのだと、私は思っています。そして、欲望や願望の中には、意外なほど美しいものがあるということも知っています。

だからこそほしいのは、降りかかってくるタスクをさばくだけのツールではなく、「人生（ライフ）」と日々の「生活（ライフ）」とをリンクし、「現実の行動（タスク）」に落としていけるようなツールと手法です。[20]
「ライフ」ほど個人的なものはありません。そのために必要なのは、汎用的で柔軟な基本機能を提供してくれる、けれどもユーザーに合わせて自由自在に形を作れるツール、いわば「思考のOS」のようなものです。私にとってのそれはもちろん、アウトライナーです。[21]

> - ほしいのはタスクをさばくだけではなく、人生（ライフ）と生活（ライフ）とをリンクし、行動に落としていけるようなツールと手法。
> - 必要なのは、汎用的で柔軟な基本機能を提供してくれて、ユーザーが自由自在に形を作れるいわば「思考のOS」。

「結果的に」生まれる構造

　「ライフ・アウトライン」は、「人生」と「生活」というふたつの「ライフ」を扱うためのアウトラインです。ひとつとして同じライフがないように、ひとつとして同じライフ・アウトラインもないはずですが、イメージをつかんでいただくために、私自身のライフ・アウトラインを簡単に紹介しましょう。
　私のライフ・アウトラインには「Clear（クリア）」というタイトルがついています。「明快な、はっきりした」という意味です。それが私の個人的な課題だからです。[22]

---

*20　それこそが生活を豊かにし、人を幸福にするタスク管理ではないかと思います。
*21　人によっては Evernote であってもいいし、マンダラートであってもいいし、紙のバインダーであってもいいのです。
*22　放っておくとどんどんクリアじゃなくなっていくタイプなのです。

もともとはタスク管理を目的として、実験的に作ったものでしたが、使っているうちに原型をとどめないほど変化しました。

　使いながらニーズに合わせてどんどん構造を変えていけることが、アウトライナーを使うことの大きなメリットです。[*23]

　今ではタスク管理の機能はそのほんの一部にすぎません。ブログのネタを考えることも、仕事の手順を考えることも、交渉ごとのシミュレーションも、報告書の下書きも、ちょっとした考えごとのための使い捨てのアウトラインも、この中に組み込まれています。

　何よりも自分の思考が素直に流れるようになっているので、トップダウン的な枠にはめられている感覚はありません。

　この構造は〈シェイク〉を繰り返しながら「結果的に」できあがってきたものです。「作った」のではなく「生まれてきた」構造です。そして、そういうことができるのがアウトライン・プロセッシングです。

> ■「ライフ」を扱うアウトラインの構造は〈シェイク〉しながら「結果的に」できあがる。

＊23　本書のベースになった電子書籍『アウトライン・プロセッシング入門』で紹介したものからもすでに変わっています。

「Clear」の構造

「Clear」は2016年1月現在、図4−8のような構造になっています。

▼図4-8　ライフ・アウトライン「Clear」の構造（構造がわかるように折りたたんだ状態）

```
▽Clear2016
    ▽Days（日々をクリアにする）
        ▽Today
            ▷今日のイメージ
            ▷今日のタスク
            ▷思いつき
        ▷2016/01/06（水）
        ▷2016/01/05（火）       日々のランダムな考えごと
        ▷2016/01/04（月）
        ▷2016/01/03（日）
        ▷2016/01/02（土）
        ▷2016/01/01（金）
        ▷Archive
    ▽Do（行動をクリアにする）
        ▷タスク（外的）
        ▷タスク（内的）
        ▷ソーシャル              今抱えている行動（タスク）の
        ▷義務と役割              全容
        ▷欲望の充足
    ▽As（外的な基準をクリアにする）
        ▷人間関係のイメージ
        ▷生活のイメージ
        ▷仕事のイメージ
        ▷仕事環境のイメージ
        ▷持ち物や服のイメージ   手をつける行動（タスク）を
    ▽Be（内的な基準をクリアにする）  選ぶための「基準」
        ▷欲望、願望、期待
        ▷価値観
        ▷行動基準
        ▷生き方の姿勢
        ▷理由もなく惹かれるもの
```

「Clear」は3つの要素からなっています。日々のランダムな思いつきや考えごとのためのパート、今抱えているタスクの全容をクリアにするパート、限られた時間の中で手を付けるタスクを選択するための自分なりの「基準」をクリアにするパートです。

Days（日々をクリアにする）

文字通り日々のことに関するパートです。日付が時系列に並んでいます。その日やること、思いついたことや考えたことなど、「その日」に含まれる要素がすべてこの中に入ります。各日付の下に次の下位項目があります。

◎今日のイメージ
　今日はどんな日にしたいのか、どんな日になりそうなのか、そのイメージを数行程度で書き出しておきます。

◎今日のタスク
　デイリータスクリストです。「今日のイメージ」がどちらかというと自分の意志なのに対して、ここは現実です。降りかかってきたものも含めて、今日やらなければならないタスクを書き出します。重要なのは「今日のイメージ」と「今日のタスク」が大きく乖離しないように調整することです（後述）。

◎思いつき
　ランダムな思いつきを書いていくところです。例の「使い捨てのアウトライン」もここに作ります。デイリーの中の「未使用」と考えてもいいでしょう。

Do（行動をクリアにする）

今、具体的に何をすればいいのかをクリアにするところであり、マス

タータスクリストに相当する部分です。自分が抱えている「やるべきこと」の全体像を把握するのが目的です。以下の下位項目があります。

◎タスク（外的）

タスクのうち外から降りかかってきたものや、必要に迫られたものなどです。大きなものは複数のステップにブレイクダウンし、関係あるものやいっしょにやったほうがいいものはまとめます。今、取りかかっているものや急ぐものは上の方に動かしておきます。[24]

◎タスク（内的）

タスクのうち、自分自身の動機によって主体的に行っているものです。本書に関する作業は（もちろん）ここに入っています。

◎ソーシャル

ブログやツイートのネタやアイデアなどが入っています。本来は「タスク(内的)」の一部でもいいのですが、一体のものとして〈シェイク〉しやすいように分けてあります。

◎義務と役割

「家族のこと」「お金のこと」など自分が果たす「役割」に関することが入っています。もともとは「タスク（外的）」に入っていたものを実験的に分けたもので、今後続けるかは流動的です。

◎欲望の充足

純粋に個人のお楽しみです。生きていくためにはそういうものも必要です。大小いろんなことが書いてありますが、小さいもので

---

*24　以前は「今日やること」「次にやること」に分けていましたが、今はやめています。「今日やること」は Days に移したので不要になり、「次にやること」も単に実行順にソーティングしておけば済むことに気づいたからです。

4-5　ライフ・アウトライン　　　　　　　　　　　　　　　167

いうと「フライドポテトを好きなだけ食べる」とかそんなもので
す。大きいものは、後から出てくる「Be（内的な基準をクリア
にする）」の内容と結びついたものです。[*25]

　ちなみにタスクを「内的」と「外的」に分けているのは、自分にとっ
て重要なタスクが埋没することを防ぎ、バランスを取るためです（そう
しないと生活はあっという間に外的なタスクに占領されてしまいます）。[*26]

As（外的な基準をクリアにする）

　自分が生きる環境はこんなふうでありたいという「基準」をクリアに
する部分です（環境なので「外的」です）。具体的な行動のリストでは
なく主に「イメージ」や「風景」を文章化しています。

◎人間関係のイメージ

　人付き合いの考え方を書き出してあります。「どんな人と付き合う
か」「どんなふうに付き合いたいのか」「どんな人を信頼しているの
か」「どんな人を尊敬しているのか」「付き合うべきではないのはど
んな人か」など、人との接し方や振るまい方などです。

◎生活のイメージ

　「どんな場所に暮らしたいか」「どんな一日を過ごしたいのか」「時
間をどんなふうに使いたいか」などです。

◎仕事のイメージ

　「どんな仕事をしたいか」「どんなふうに仕事をしたいか」「どんな
人と仕事をしたいか」などです。

---

*25　本当です。
*26　あるタスクが「内的」か「外的」かを分けるのは意外に難しいのですが、それを自分に問い
　　　かけ、考えることには意味があると思います。特に家族に関するタスクなどはそうです。

◎仕事環境のイメージ

　ツールや文具から仕事部屋、作業に向いたカフェまで、文字通り
の環境についての理想のイメージです。

◎持ち物や服のイメージ

　自分が好きな服や持ち物の基準が書いてあります。どうでもいい
ものを買ってしまうことを防ぐためです。

Be（内的な基準をクリアにする）

　自分はこんなふうでありたいという「基準」をクリアにする部分です
（内面のことなので「内的」なのです）。自分はどんな人間で、何を考
えていて、何を望んでいるのか。本当はどのようにありたいのか。そん
なことを文章化しています。[*27]

◎欲望、願望、期待

　自分が本当は何を望んでいるのか、何を求めているのかは自分で
もなかなかわからないものです。だから（たとえば電車の中で）
ふと頭に浮かぶ欲望や願望の断片が重要なのです。そういうもの
を「Days」の中でキャッチして、ここにためておきます。〈シェ
イク〉が起こって、自分では思いもよらなかった願望が見えてく
ることもあります。

◎価値観

　自分はどんな価値観を持っているのか、なるべくはっきりと言葉
にしておきます。これも簡単ではありません。言葉にした瞬間に
嘘になってしまうような類のことですが、ときに自分を救ってく

---

*27　これがまた、難しいのです。文章化しているというよりも、断片を集めることで文章化を試みて
　　いるという方が近いかもしれません。

4-5　ライフ・アウトライン　　　　　　　　　　　　　　　　　　　　169

れることがあります。

「人生を無駄に使わない」というのはその一例です。

◎行動基準

行動に迷ったときの基準になる言葉を集めてあります。「強く打つ
か弱く打つか迷ったら強く打つ」というのはその一例です。

◎生き方の姿勢

「どんな姿勢で生きたいか」というイメージです。価値観と似て
いますが、もう少し幅広いものです。たとえば「他人のせいにし
ない」というようなことです。[28]

◎理由もなく惹かれるもの

特に理由もないのに、昔から惹かれるものを書き出してありま
す。たとえば「路面電車やバスが行き交うのを見ているのが無性
に好き」というようなことです。他人にはどうでもいいことが、
ときに大きなヒントになることもあります。

「As」と「Be」はいずれも「基準」です。前者は外的な基準、後者は
内的な基準。何のための基準かというと、**実行するタスクを選ぶためで
す**。時間は限られています。そしてタスクは次々に生まれます。基準が
明確になっていないと、自分の時間は外からの要請でたちまち埋まって
しまいます。

基準の必要性を強く感じ、「Clear」の中へ組み込むことになったのは、
実際に使いながら〈シェイク〉を繰り返した結果です。[29]

---

*28　どうもものごとがうまくいかないと思って、久しぶりにここを開いてみたら、自分で書いてい
　　たことにことごとく反する行動をしていたということがありました。
*29　実際に「基準」という考え方が自分の中ではっきりしてきたのはここ最近のことです。『アウトラ
　　イン・プロセッシング入門』に紹介した時点では、そこまでの考えに至っていませんでした。

「Clear」の一日

　朝、Daysの中にその日の日付を作り、まず「今日のイメージ」を書き出します。これは「今日はこのようにありたい」というイメージと意志です。特にたくさん書く必要はなく、数行程度でかまいません。感覚としては、その日の日記を先に書くようなものです。

　このとき時間があれば「As」や「Be」を見返します。今日のイメージのベースは、「As」や「Be」でクリアにした、自分なりの基準だからです。

　次に「今日のタスク」をリストアップします。このときはマスタータスクリストである「Do」を参照します。「Do」は今抱えているタスクの全体像です。そこから今日やるものを転記していきます。昨日やり残したタスクがあればそれも参照します。

「今日のタスク」は必ず「今日のイメージ」と見比べます。両者は多くの場合、矛盾しています。自分の「意志」と「外部からの要請」のせめぎ合いです。そこで、両者をすり合わせます。具体的には「今日のタスク」の方に「今日のイメージ」を実現するために必要なタスクを追加します。あるいは逆に「今日のタスク」に合わせて、「今日のイメージ」を修正します。

　これは意志が暴走して実務や責任がおろそかになることと、他人の要請だけで持ち時間がオーバーしてしまうことの両方を防ぐためです。

　いくら今日は仕事の後ゆっくり食事して映画でも観ようという意志があっても、今日締め切りの仕事が３つあるのであれば無理でしょう。逆に降りかかってきたタスクだけで一日が埋まってしまい、自分の「意志」が一切反映できない日が続くとしたら、「ライフ」は持続できないでしょう。

　だから両者をすり合わせ、イメージには現実を、現実には意志を反映するのです。「As」と「Be」で考えた基準が「今日のイメージ」を経由

4-5　ライフ・アウトライン　　　　　　　　　　　　　　　171

して一日の時間の使い方（つまりタスクの選択）に影響を与えるようになっているのです。[*30]

　一日を通じて頭に浮かんだことや考えたことは、「Days>思いつき」にメモします。その中には気になるタスクもあるし、ブログのネタもあるし、行ってみたい場所もあるし、仕事で気にかかることもあるし、ふと思いついた冗談もあるし、物欲もあるし、妄想もあるし、哲学っぽい考察もあるし、例の使い捨てのアウトラインもあります。

　書き出した内容は後から見直して、アウトラインの中の適切な場所に移動させます。ライフ・アウトラインの中で行われるのは単なる覚え書きやリストづくりではなく、アウトライン・プロセッシングです。書き込まれた項目は、アウトラインの中を動き回ります。

- 現在進行形のタスクなら「Do＞今日のタスク」に。
- 本書を書く作業で行っておくことなら「Do＞タスク（内的）＞技術評論社書籍」に。
- ブログのネタなら「Do＞ソーシャル＞ブログ」に。
- ふと頭に浮かんできた願望なら「Be＞欲望・願望・期待」に。
- いつかこんな場所に住んでみたいと思ったら「As＞生活のイメージ」に。

　こうしてランダムな思いつきが所定の場所に移動し、位置付けられることで、自分の生活や人生にとって重要な物事がクリアになっていくというのが「Clear」の構造です。もちろん、項目は〈シェイク〉されることで時間をかけて育っていきます。

　特に「Be」の内容はとても重要でありながら、普段なかなか腰を据えて考えられないような物事です。でもやってみてわかるのは、日々の

---

*30　もちろん現実は甘くないので、どれだけすり合わせても考えた通りにはなりません。それでも自分の「意志」を今日のタスクに注入するのと、まったくしないのとでは、間違いなく違いがあります。

思いつきという形でならけっこう頭に浮かんでいるということです。それをキャッチし、所定の場所に移動することで自然に「クリア」になっていきます。

　移動先をすぐに思いつかないものは、そのままDaysの該当の日付の下に残しておきます。しばらく寝かせておいてからあらためて見ると、「必要か必要じゃないか、どこに位置付けるべきか」が自然にわかってくることが多いからです（つまりDaysがClear全体の中で「未使用」の役割を果たしているということです）。行く当てのない思いつきを入れる場所があるというのは、私にとってはけっこう重要なニーズでした。

　一週間以上経過した日付は邪魔になるので、「Days＞Archive」の下に移して折りたたんでしまいます。これで思いつきのログができます。[*31]これも、ときどき見直すようにしています。

　繰り返しになりますが、「Clear」はあくまでも私個人の極私的なニーズによるライフ・アウトラインです。

　人によって、ライフ・アウトラインの構造と内容は全く違ったものになるはずです。ぜひ、自分のライフ・アウトラインを作ってみてください。

＊31　ただし私自身は「ログ」という機能をあまり重視していません。「思いつき」の残っていない過去の日付は、今日のイメージ、今日のタスクごと削除してしまいます。

4-5　ライフ・アウトライン

Column......5

借り物じゃない
「ミッション」を見つける

『7つの習慣[*32]』を初めて読んだとき、人生のミッションを書き出して行動指針にするという「ミッション・ステートメント」という考え方に強く惹かれました。その有効性も直感的に理解できました。

でも同時に、意味のあるミッション・ステートメントを書くことは至難の業だとも思いました。行動の指針にするのであれば、自分にとってリアルな言葉で書かれている必要があります。人を動かす力を持ち得るのはリアルな言葉だけだからです。

しかし実際にやってみるとわかりますが、リアルな言葉というのは簡単には出てきません。他人に見せるわけでもないのに、借り物みたいな空虚な言葉ばかり浮かんでくるのです。もちろん人生の指針になるはずがありません。

ミッション・ステートメントを書いてみようとした人の多くが、同じ問題にぶつかったのではないかと想像します。そしてこれは何かに似ています。そう、あらかじめ作られたアウトラインに沿って文章を書くことの難しさに似ているのです。

ミッション・ステートメントを書くというのは「文章」を書く作業なのです。しかも自分を動かしてしまうほど強力な「文章」を書く作業。これはちょっと考えるよりずっと難しいことです。

ミッション・ステートメントは、自分にとってリアルな言葉を見つけることさえできれば、確かに有効です。特に年齢を重ねて、昔み

[*32] スティーブン・R・コヴィー著、ジェームズ・スキナー・川西茂翻訳『7つの習慣』キング・ベアー出版、1996年

たいに無限に時間があるわけじゃないということを実感するように
なると、そう思います。

「降りかかってくるタスクをさばくだけではなく、自分にとって本当
に大切なことを日々の行動と結び付けたい」

それは誰もが願うことでしょう。ミッション・ステートメントはそ
のための方法です。

どうやったら、リアルな言葉を見つけ出せるのか。そのヒントは
やはり「文章」を書く作業の中にあります。

本書では、アウトライナーで〈シェイク〉を繰り返すことで、萎
縮せず自由にのびのびと書きながら、全体の統一性を維持できるこ
とを見てきました。だとすれば、ミッション・ステートメントはまさ
にアウトライナーの中で、それも「ライフ・アウトライン」の中で、
じっくりと〈シェイク〉を繰り返しながら作るべきものだと私は思っ
ています。

私のライフ・アウトライン「Clear」の中の「Be」というパート
は、自分にとってリアルなミッション・ステートメント（のようなも
の）を作る試行錯誤の結果でもあります。

秀逸アウトライナー
Tree
http://www.topoftree.jp/tree/

　TreeはMacのデスクトップ型アウトライナーとしては後発ですが、多くのファンがいます。アウトラインが「横に伸びる」独特の表示モードが売り物ですが、プレーンなプロセス型アウトライナーとしても使えます。

　最大の特徴である「横に伸びる」アウトラインは、要は樹形図（ツリー）表示です。ツリーの形のほうが発想が刺激されるという人もいるので、そういう人にとってはありがたいはずです。単なる樹形図ではなく、樹形図の中に通常の形のアウトラインを混在させることもできます。

　通常のアウトライン表示の方は、素直なプロセス型アウトライナーという印象で、使い勝手は良好です。操作性も動作もクセがなく、一般的なMacのアプリに慣れている人にとっては、OmniOutlinerよりもすんなり馴染めるかもしれません。その意味では、Macを使用している方になら、誰に勧めても間違いのないアウトライナーだと思います。

　私自身が関心したのは「項目を別タブで表示」機能です。これはWorkFlowyでいうZoom機能なのですが、Zoomした状態を複数のタブに保持できるのが特徴です。もちろんタブはショートカットキーで素早く切り替えることができます。

　OmniOutlinerと同じくリッチテキストで扱うことができますが、文章エディタとしての機能は、OmniOutlinerほど充実していません。文章を扱うというよりは、どちらかというと「アウトライン」「リスト」の扱いが得意なアウトライナーという印象です。

▼図TR-1　シンプルなプロセス型アウトライナーとして使える

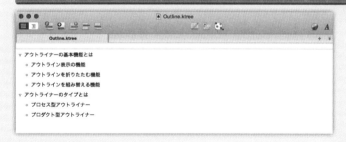

▼図TR-2　特徴的な「横に伸びる」表示（樹形図）

▼図TR-3　項目を別タブで表示（WorkFlowyでいうZoomをタブごとに保持できる）

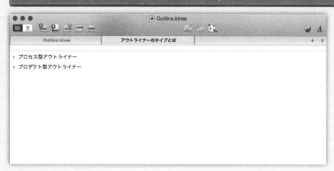

Part

5

アウトライナーフリーク的
アウトライナー論

Part 5では、実用性・有用性というところから少し離れて、アウトライナーの持つ本質とその意味について考えてみましょう。「実用性から離れて」とはいいましたが、本当はそうでもないと思っています。どれもアウトライン・プロセッシングの有効性、そして可能性と切り離せないことばかりだからです。

◎ **Part 5の内容:**

○ アウトライナーフリーク的Word論

○ アウトライナーフリーク的発想論

○ アウトライナーの新しい呼び名

○ 〈文章を書き、考える〉ツールとしての
　アウトライナーの誕生

アウトライナーフリーク的 Word論

私がプロセス型アウトライナーと
プロダクト型アウトライナーの違いについて
考えるきっかけになったのは、
Microsoft Wordのアウトラインモードに対する違和感でした。

Wordのアウトラインモードへの違和感

　Microsoft Wordには批判もいろいろありますが、美点もたくさんあります。そのひとつは、それなりにしっかりとしたアウトライン機能が装備されていることです。実際、Wordはもっとも普及したワープロソフトであり、もっとも普及したアウトライナーでもあるのです。

　私自身、アウトライナーの入門に一番適しているのはWordのアウトラインモードだろうと長い間考えていました。多くの人にとって、身の回りのパソコンにすでにインストールされている可能性が高く、利用経験者が多いことや、アウトライナーとしての基本機能を過不足なく備えていることなども、理由です。[*1]

　一方では「アウトライン・プロセッシングの本当の魅力はWordでは理解できないのではないか」という感覚も常にありました。ただ、私自身がその理由をうまく説明できませんでした。

　パソコンを使用し始めてからのほとんどの期間、私はMacユーザーでした。しかし例外的に1990年代末から2004年までの間、Windowsマシンをメインで使用しました。

　MacからWindowsに移行したとき一番困ったのは、Macで愛用して

---

*1　最近では「身の回りのパソコンにインストールされている可能性が高い」というのは必ずしも当てはまらなくなってきましたが。

いたアウトライナー（「Acta」や「Inspiration」）が使えなくなったことでした。

　好みのアウトライナーのひとつやふたつWindowsにもあるだろうと簡単に考えていたのですが、それは甘かったようです。

　Windowsに多い2ペイン型のアウトライナーは自分には合わないとわかっていたので、結局1ペイン型であるWordのアウトラインモードをメインに使うことになりました。

　ところが、MacでActaを使っていたような感覚ではどうも使えなかったのです。

　Wordは決して嫌いではありません。しかし、Mac時代にも何度かWordをメインのアウトライナー（兼・ワープロ）として使おうと試みたことがありましたが、そのたびに挫折していました。

　Wordのアウトラインモードは仕事のレポートを書いたり、打ち合わせ内容をまとめたりするのには何の不足もありませんでした。要するに構造的な長文を編集したり、内容を整理してまとめ上げていく目的には充分使えました。

　でもActaでやっていたような、思いついたことや考えたことを蓄積して発酵させていくような使い方をしようとしても、なぜかうまく機能してくれなかったのです。

＊2　Inspiration：自由にマップ／ダイアログとアウトラインを行き来し、相互変換できるアウトライナー。かつてMac上でActaやMOREと並んで人気がありました。現在も英語版（Mac／Windows）は提供されているようですが、アウトライナーというよりもラーニングツールとしてマーケティングされているようです。

＊3　InspirationのWindows版という選択肢もありましたが、値段が高すぎるのと操作体系がWindowsに馴染んでいないので敬遠しました。英語であればEcco Proという素晴らしいアウトライナーもありましたが、日本語に対応していませんでした。WindowsにもSolというActaにかなり近い感覚で使えるアウトライナーがあることは、後になって知りました。

＊4　むしろ長い間の憧れでした。私が最初にMacを買うことになったきっかけのひとつは、80年代末に英語版Wordを目にして、当時の日本語ワープロ専用機とは次元の違う思想と機能に衝撃を受けたことでした。

5-1　アウトライナーフリーク的Word論　　　　　181

アウトライン項目の扱い方の違い
──プロセス型とプロダクト型

2005年に再びMacに戻り、Actaの使い勝手をOS X上で再現したOPALを使うようになると、以前の感覚が蘇ってきました。そしてどこに違いがあるのか、徐々にわかってきました。ポイントはアウトライン項目の扱い方です。

Wordのアウトラインモードでは、アウトライン項目と完成品の文章の見出しが対応するようになっています。より正確には、スタイル(書式を一括して登録する機能)として「見出し1」〜「見出し9」を定義した段落が、アウトライン項目レベル1〜レベル9として扱われます(それ以外の段落は直上のレベルに従属する文字列として扱われます)。逆にアウトラインモード上で作られた項目には、そのレベルに応じたスタイル「見出し1」〜「見出し9」が自動的に定義されます(アウトラインモードでの「標準文字列」には段落スタイル「標準」が定義され、本文として扱われます[5])。

つまりWordのアウトラインとは文章の見出しを抽出したものです。だからWordでアウトラインを作ろうとすると、否応なしに完成した文章の見出しを意識することになります。

しかし、文章作成の技法としてのアウトラインは、完成した文章の見出しと一致する必要はありません。見出しとは、読みやすいように文章の構成上のまとまりを示し、内容をガイドするものです。つまり読者のためのものです。逆にアウトラインは書き手のためのものです。よく誤解されていますが、「アウトライン＝目次案」ではないのです。

未だ文章の形になっていない断片を操作する段階で、完成品の見出しを意識しすぎると、見出しでも本文でもない細かいアイデアの断片をうまく操作できなくなります。なぜなら、アイデアの段階では、断片の多

＊5　段落書式とアウトラインレベルを別々に設定することもできますが、アウトラインモードで作成した項目には自動的に「見出し1」〜「見出し9」が定義されます。

182　　**Part 5**　アウトライナーフリーク的アウトライナー論

くはまだ位置付けがはっきりしていないからです。

　私がアウトライナーで扱いたかったのは、まさに「位置付けのはっきりしていない断片」でした。つまり、読み手に見せる必要のない書き手の思考プロセスでした。そのためには、形式に縛られない柔軟性が何よりも重要です。

　かつてのActaやその使い勝手を再現したOPALがWordのアウトラインモードと一番異なるのは、機能上「見出し」の概念がないことです。アウトライン項目は等価であり、それぞれが場合によって見出しにも本文にもなります。どちらなのかを規定するのは、アウトラインの階層、そして書き込まれる内容だけです。センテンスを書き込めば、それは本文になります。下位に別の項目をくくれば見出しになります。だからこそ大小さまざまな断片をアウトラインの中に投げ込み、組み替えながら徐々に発酵させるという使い方が自然にできたのです。完成品の見出しを意識せざるを得ないWordで、同じことをするのは困難でした。

　このときの経験が「プロセス型アウトライナー」と「プロダクト型アウトライナー」の違いを意識するきっかけになりました。プロセス型は1ペイン型で見出しと内容（本文）を分けないタイプのアウトライナー、プロダクト型は2ペイン型または1ペイン型でも見出しと内容（本文）を区別するタイプのアウトライナーです。

　この分類でいくとActaやOPALは「プロセス型」、Wordは「プロダクト」型ということになります。そして私が求めていた自由なアウトライン・プロセッシングに必要なのはプロセス型だったのです。現在メインで使っているWorkFlowyとOmniOutlinerも、もちろんプロセス型です。[*6]

＊6　詳しくは「1.4　プロセス型アウトライナー」を参照。

5-1　アウトライナーフリーク的Word論　　　　　　　　　　　　　　183

Wordのアウトラインモードのメリット

とはいえ忘れてはいけないのは、アウトライナーとしてのWordには大きなメリットがあるということです。

繰り返しになりますが、Wordではアウトライン項目はそのまま文章の見出しとして扱われます。まだ位置付けが決まっていない断片を操作する段階では、これはかえって足かせとなってしまいます。しかし論文やレポートなどある程度分量のある構造的な文章の作成、特にその中盤（アイデアの位置付けがある程度できた段階）以降では、この点が生きてきます。

最大のポイントは、Wordはアウトラインと完成イメージの間を行き来できるということです。

たとえば、レポートを書くとします。アウトラインモード上でできるだけ完成に近いところまで書いて、印刷レイアウトモードに切り換えると、アウトライン項目は対応するレベルの見出しとして表示され、標準文字列は本文として表示されます。

見出しの書式は、スタイル「見出し1」〜「見出し9」として自動的に定義されています。この書式はデフォルトではほとんど使い物になりませんが、自分で好きなように設定できます。

うまく設定すると、アウトラインを作るだけで半自動的に書式の整った文書ができあがります。

問題はここから先です。奥出直人さんも書いているように[7]、完成品に近い（見映えが整った）状態で読み返すと、下書きをしていたときには気づかなかった欠点がいろいろと見えてきます。文字修正くらいであればいいのですが、場合によっては全体の構成を変更したくなることもあります。たとえば「Part 3とPart 4を入れ替えすると、説得力がより

---

[7]　奥出直人著『物書きがコンピュータに出会うとき』河出書房新社、1990年、69ページ

増すな」などと考えます。

　こうした大規模な構成変更は、アウトライナー上で行うほうが圧倒的に楽なのですが、専用のアウトライナー（たとえばWorkFlowy）を使用している場合、原稿を普通のワープロソフトやページレイアウトソフトなどに読み込んでしまった後は、もうアウトラインに戻ることはできません。

　一方、Wordを使用していれば、アウトラインモードに切り換えるだけで、一瞬のうちに文章全体をアウトラインとして操作できるようになります。そして、大きな構成変更が、通常のワープロ画面で行うよりもはるかに楽に、そして間違いなく行えます。

　この段階では、アウトラインの内容はもう発想の断片ではなく「文章」の一部になっているので、「アウトライン項目＝見出し」であっても問題はありません。最後の最後までアウトライナーの恩恵を享受できるという点で、Wordの方式はとても有効です。[*8]

　ちなみにアウトライン機能を使って作成された文章であれば、目次も自動的に作成できます。[*9]アウトラインを組み替えれば、目次も自動的に更新されます。期限ぎりぎりまで手を加えることを考えれば、この機能のありがたさがわかります。こういう使い方は、専用アウトライナーではできません。

　こうして見ていくと、プロセス型アウトライナーは長文執筆プロセスの序盤から中盤で特に有効なのに対して、Wordのようなプロダクト型アウトライナーは中盤から終盤に有効なことがわかります。

　長文の執筆をアウトラインの性質から考えると、書き手のための発想段階の「アウトライン」が、読み手のための「目次」に次第に接近し、重なっていくプロセスと表現できます。書き手のための「アウトライ

---

*8　ただしここでいう「最後」、つまり書式の整った完成型とは紙の出力を前提にしたものであり、時代にそぐわなくなってきていることも事実です。

*9　アウトライン機能を使っていなくても、見出しスタイルを定義してあれば目次の自動作成は可能です。

ン」の段階に適しているのがWorkFlowyやOmniOutlinerなどのプロセス型アウトライナーです。そして、読み手のための「目次」と重なった後の段階に適しているのが、Wordなどのプロダクト型アウトライナーです。[*10]

　本書の執筆では、元になったブログの各エントリーを書くことと、全体の仮アウトラインを検討する作業にはプロセス型アウトライナー（OmniOutlinerとWorkFlowy）を、それ以降の段階ではプロダクト型アウトライナー（Word）を使用しています。

▼図5-1　プロセス型アウトライナーとプロダクト型アウトライナーの棲み分け

	プロセス型	プロダクト型
特徴	1ペイン型で 見出しと内容を区別しない	見出しと内容を区別する もしくは2ペイン型
得意な場面	文章作成の序盤から中盤 （発想段階からドラフトまで）	文章作成の中盤から終盤 （ドラフトから仕上げまで）
アウトラインの 性質	書き手のため	読み手のため

---

*10　Word以外でも、書式とアウトラインを連動させる機能を持ったプロダクト型アウトライナー（たとえば一太郎）であれば同様です。

アウトライナーフリーク的
発想論

アウトライナーは「アウトライン・プロセッサー」以外に
「アイデア・プロセッサー」という別名を持ちます。
しかし、どのような意味で「アイデア・プロセッサー」
なのかは、あまり理解されていません。

アウトライナーは発想ツールではない

アウトライナーにはさまざまな別名があります。「アウトライン・プロセッサー」「アウトライン・エディタ」などです。そのうちのひとつに「アイデア・プロセッサー」というものがあります。この呼び名について、奥出直人さんは次のように書いています。[11]

> だが、このソフト自体はアイデアを思いつくために使ってもそれほど効果的ではない。むしろ、単調な記述を生む危険性すらある。項目をアウトライン上に並べ、なんとなく関係があるような気持ちで記述していくのではアイデアは加工されていないのである。どれだけ面白く美しい形で項目の構造が工夫できるかが、アイデア加工の妙味である。

「アイデアを思いつくために使う」というのは、アウトライナーの特性を理解しないで使用するときに陥りがちな落とし穴です。特に「アイデア・プロセッサー」だと認識している場合はそうです。

アウトライナー自体は発想ツールではありません。キーワードのグルーピングによる発想法に使えないことはありませんが、そうなると項

---

[11] 奥出直人著『思考のエンジン』青土社、1991年、111ページ

目の自由な「空間配置」ができないことが不満になってきます。自由な発想は四方八方に広がります。しかしアウトラインはインデントによって立体的な構造を表現しているものの、本質的には上から下に流れるリニアなものなので、自由に広がる発想はとらえきれないのです。

とはいえ、確かにアウトライナーは発想を助ける強力な機能を持っています。奥出さんが指摘したように、それは「面白く美しい形で項目の構造を工夫する」プロセスと関係しています。いわゆる「発想ツール」とは少し違う意味合いのものです。

〈シェイク〉の効果

アウトライン・プロセッシングによる思考の基本は〈シェイク〉、つまりトップダウンとボトムアップを意図的に行き来することです。それはテクニカルには、全体の構造を考えることとディテールを考えることを意図的に分離して頭の負荷を減らすことです。これを発想法として見ると、ボトムアップで考えることでトップダウンで考えるべきことをあぶり出し、トップダウンで考えることでボトムアップで考えるべきことをあぶり出す、その繰り返しといえます。

文章を書くことを例に考えると、ボトムアップとは細かな議論、具体的なフレーズから自然に生まれた発想を活かすことです。そして必要なディテールを網羅し、それを全体の中に位置付ける作業を通じて、内容の過不足を把握することです。トップダウンとは全体の目的、構成、ロジック、網羅性から考え、流れを作ることです。そして必要な内容と不要な内容を分別し、足りないディテールを浮かび上がらせることです。

そこには単に「アイデアを思いつく」以上の意味があります。文章が統一感を持った全体であるためには、トップダウンとボトムアップ双方の視点が反映されていることが必要です。全体を支えているのは部分であり、部分を支えているのは全体だからです。もちろん、この関係は文章だけではなく、タスクリストなどでも同じことがいえます。〈シェイ

ク〉は、その統一感を持った全体を作り出す助けになるのです。

このようなプロセスを繰り返していると、まさに〈シェイク〉が発想を誘発しているようにも感じられます。

しかし、考えてみれば、これは当たり前のことです。もともと頭の中では、トップダウンとボトムアップの区別はありません。文章やリストという形で表現するときに、両方の視点を同時には反映できないという物理的な制約があるだけです。「瞬間的にはいいことを思いつくのに、うまく反映できない」というのは、この制約があるためです。

ワープロソフトやテキストエディタは、修正を可能にすることで、この物理的制約を乗り越えさせてくれました。そしてアウトライナーは、全体と部分を瞬時に行き来できるようにすることで、もう一歩進んだ形でこの制約を取り払ってくれたのです。

その意味で、アウトライナーは強力な発想ツールです。これが「アイデア・プロセッサー」としての、アウトライナーの第1の側面です。

アウトライナー有害論

第2の側面の前に、ちょっとだけ脱線します。

ずいぶん前になりますが、アメリカのブロガーたちの間でアウトライナーに関する論争が行われたことがあります。簡単にいうと〈アウトライナー否定派〉と、〈アウトライナー肯定派〉の論争です。もちろんほとんどの人にとってはどうでもいい話なのですが、個人的にはたいへん興味深く見ていました。[*12]

〈否定派〉は「アウトライナーは本来階層構造で表現できないものまで階層構造の中に閉じ込めてしまう」、そして「アウトラインのツリー構造よりも、網目構造のほうが複雑な情報を扱える」と主張します。ここでいう網目構造とは、たとえば相互にリンクされたハイパーテキスト

---

*12 一連の議論については私のサイトの「結果と過程のアウトライン」という記事で紹介しました（www012.upp.so-net.ne.jp/renjitalk/outliners/productprocess.html）。

や複数のタグが付けられたEvernoteのノートをイメージすればいいでしょう。

　一方、〈肯定派〉は「アウトライナーは階層構造を強制などしない」、「むしろテキストの塊の移動が容易にできること、マクロな視点とミクロな視点を行き来できることで、より自由に編集ができる」と主張します。

　私が興味深く感じたのは、同じアウトライナーの話をしているのに、両者の話がかみ合っていないように見えたことです。それはおそらく、両者が実は文章作成の異なるフェイズについて話をしていたからです。〈否定派〉がアウトラインを「完成品」の反映ととらえているのに対して、〈肯定派〉は文章作成の「過程」を扱うものととらえているのです。アウトラインに対するこの見方の違いは、そのままアウトライナーの設計思想の違いに現れます。それがつまりプロダクト型アウトライナーとプロセス型アウトライナーなのですが、ここではそれは置いておきます。

　私の立場はもちろん〈肯定派〉ですが、その理由は「アイデア・プロセッサー」としてのアウトライナーの話に深く関わってきます。

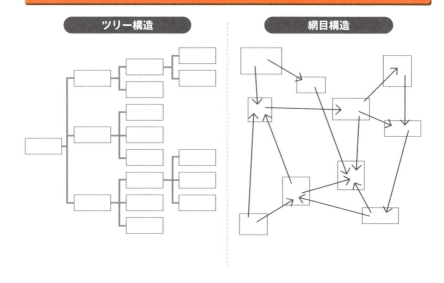

▼図5-2　ツリー構造と網目構造

思考を強制する「流動的なツリー」

野口悠紀雄さんは『「超」整理法─情報検索と発想の新システム』の中で、ツリー構造で強いられる「分類」の問題点を「こうもり問題」と名付けてわかりやすく表現しています。ある項目が複数の分類に当てはまってしまうという問題です。[*13]

アウトラインはツリー構造です。ある内容を見出し「A」の下にくくったら、それは「A」の下にしか存在できません。しかし現実世界の情報はそんなに単純ではなく、しばしば複数の属性を持ちます。文章を書いている場合であれば、「このネタはAの部分にも関係しているし、Bの部分にも関係しているけれど、どっちに入れたらいいだろう？」ということはしばしばあります。どちらにも入ってしまうから「こうもり」なわけです。

一方の網目構造、たとえばEvernoteのノートでは、あるひとつの情報に「A」というタグと「B」というタグを同時に付けることが可能です。あるいはハイパーテキストでは、AとB両方からリンクすることが可能です。したがって網目構造のほうが柔軟であり、現実世界の複雑な情報を扱うことができるというのが〈否定派〉の主張です。

アウトラインが紙に書かれていると考えれば、これはおそらく正しい主張です。しかしアウトライナーで扱うアウトラインに関しては、話はそんなに単純ではありません。

アウトライナーで扱う「生きたアウトライン」は、見た目はツリーでも通常のツリーよりずっと複雑な内容を扱うことができます。なぜなら、それは「流動的なツリー」だからです。それは完成品ではなく、常に変化する可能性をはらんだ「プロセス」です。

確かにアウトライン上では、ある記述は「A」と「B」にしか分類で

＊13　野口悠紀雄著『「超」整理法──情報検索と発想の新システム』中央公論新社、1993 年

きません。しかしアウトライナーに入っている限り、それはある記述が
「A」と「B」のどちらに含まれるべきかという思考プロセスの、最新
のスナップショットにすぎません。今「A」に分類されている内容が、
次の瞬間には「B」に再分類される可能性を常にはらんでいます。見た
目上「A」に分類されているけれど、「B」に変わる可能性が常にある。
それはもはや単純なツリーではありません。

　そして重要なのは、最終的に完成品（たとえば文章）としてアウト
プットするためには、いずれにしても「A」か「B」のどちらかを選ばな
ければならないということです。複雑なものを勇気を持って単純化しな
ければならないときが来るのです。そのこと自体に思考を強制し、発動
する効果があります。

　実は「発想」と呼ばれるものの多くが、この強制的な単純化から生ま
れてくるのではないでしょうか。
「文章にしたり人に説明したりすることで、その対象がより理解でき
る」といいますが、それは複雑で絡み合った情報を単純なツリーやリニ
アな語りに強制的に変換しなければならないからです（そうしないと説
明できません）。その過程で情報は咀嚼され、視点が確定します。

　アウトライナーで編集されるアウトラインは、「流動的なツリー」であ
ることで、そのプロセスを助け、促すのです。

　一方、網目構造では、複雑なものが複雑なまま存在できてしまいま
す。それは一見するといいことですが、ともすると素材が素材のままに
なってしまうことにもなります。

　たとえば情報を保管し、必要に応じて引き出すということが目的な
ら、複雑な情報を複雑なまま扱える網目構造のほうが優れているかもし
れません。

　しかし〈文章を書き、考える〉道具としてみた場合、その有効性はア
ウトライナー否定派がいうほど、単純には決められません。

　これが「アイデア・プロセッサー」としてのアウトライナーの第2の
側面です。

192　　　**Part 5　アウトライナーフリーク的アウトライナー論**

5-3 アウトライナーの新しい呼び名

アウトライナー、アウトライン・プロセッサーという呼び名は、本当はこのソフトにあまりふさわしくないと思っています。それは「アウトライン」だけを扱うツールではないからです。

 フローをからめ取る

「発想」「アイデア」と聞いて、キーワードを付箋やカードに書き出してグルーピングしたり、マインドマップを作ったりすることを思い浮かべる方も多いかもしれません。

そうした方法はアイデアを展開し、整理することに関しては、とても優れた手法だと思います。何よりもいいのは、発想の「空間配置」ができることです。発想は四方八方に広がっていくものです。それを空間的にとらえることは、アウトライナーが苦手とすることのひとつです。アウトラインは、基本的には上から下に流れていくものだからです。

それでも〈文章を書き、考える〉手法としては、私はアウトライン・プロセッシングに一票を投じたいと思います。

空間配置が可能な発想法は、広がる発想をキャッチできるメリットがある反面、最終的なアウトプットである文章としては分断されたままになっています。文章とはリニアに流れていくものなので、空間配置からリニアな流れ（フロー）に変換する作業が必要になります。

フローに変換するということは、個々の要素を有効な順番に配置し、滑らかに接続するということです。しかしその過程で、完成したと思っていた発想が実はそうではなかったことに気づくことがあります。

文章として完成するためには、フローの質が発想と同じくらい重要に

なります。「空間配置」が可能な発想法を安易に使うと、その部分が抜け落ちてしまいがちです。その結果、いざ文章化する段階でフローとしてうまくつながらず、単に項目が羅列されただけになってしまうことがあります。

　文章を書く作業にアウトライナーが有効な理由のひとつは、最初からフローの形で発想をキャッチできることです。逆にいえば、文章を書くツールとしてアウトライナーを機能させるコツのひとつは、アウトラインをキーワードの羅列にしないということです。つまりアウトライン項目は文章、またはその断片にするということです。

　フリーライティングを利用するのは、そのための方法です。また、末端の文章を書きながら思いついたことを全体にフィードバックすること（〈シェイク〉のボトムアップ側）もそうです。[*14]

　フローから発想をからめ取るイメージです。からめ取った発想を操作し、組み立てて再びフロー（文章）としてアウトプットすることが〈文章を書き、考える〉作業としてのアウトライン・プロセッシングの本質です。

フローをキャッチして仮に体系化するための道具

「アウトライナー」もしくは「アウトライン・プロセッサー」という名前は、このソフトにはあまりふさわしくないと、長い間思っていました。「アウトラインを作るためのソフト」という印象が、このソフトの理解を難しくしている気がするからです。

「流れていくもの（フロー）をキャッチして、仮に体系化するための道具」というのが、私の理解に近いもの（のひとつ）です。「ファイルの壁」「ノートの壁」が問題になるのは、流れが阻害されてしまうからです。

---

*14　アウトライン操作の5つの〈型〉のうちの「リスティング」に「文章を書くこと」が含まれるのはそのためです。

思考は流れていくものです。アウトライナーは流れていく思考をからめ取ります。川の中に網を突っ込むようなものです。それはむしろ受動的な行為のような感覚があります。

　からめ取った発想は、アウトライナーの中で必要に応じて、あるいは目的に応じて自由に組み立て、体系化され、変形され、分解され、統合されます。そこで駆使されるのが、アウトライン操作の5つの〈型〉です。

　そして、それで終わりではありません。アウトライナーで組み立てた体系は仮のものです。なぜなら思考は流れ続けているからです。

　アウトプットしているそばから、新しい何かが網にかかります。そこでちょっと〈シェイク〉すれば、アウトラインはたちまち揺らぎ始めます。整えたはずの形は、新しい素材を付け加えた瞬間バランスを崩します。バランスを取り直そうと思えばアウトラインを組み立て直すことになります。そこからまた新しい何かが生まれます。

　アウトラインは常に「仮のもの」です。アウトプットとは仮のアウトラインのある瞬間のスナップショットです。だからこそ、自由で柔軟で速いのです。

　ごく普通の人にイメージしやすいアウトライナーの呼び名を私は考え続けています。[15]

＊15　本書では、2016年初頭時点でおすすめできるプロセス型アウトライナーとしてWorkFlowyをあげてきましたが、実はWorkFlowyは自らを「アウトライナー」とは名乗っていません。WorkFlowyのタームでは、WorkFlowyは「Zoomable Document」（伸縮自在な文書、とでも訳せばいいでしょうか）です。WorkFlowyもアウトライン、アウトライナーという用語が固定化してしまう何かを嫌ったのかもしれません。

5-3　アウトライナーの新しい呼び名

〈文章を書き、考える〉ツールとしての アウトライナーの誕生

プロセス型アウトライナーは、
「プログラマーの想像力」と「物書きの想像力」の
絶妙なブレンドの賜物です。

物書きによるプログラミングツールの発見とアウトライナー

日本の物書き[*16]がコンピュータに出会ったのは、1980年代にワープロ専用機が普及してからでした。

しかし長い間、ワープロは「清書機」とみなされてきました。多くの人がワープロに見出していた意義は、「漢字仮名交じり文をキーボードで打てること」と「自分の書いた文章が美しい活字として印刷されること」でした。[*17]当時のワープロの広告やレビュー記事などは、まずは印字品質（そして飾り文字や罫線の種類）、そして漢字変換の性能を取り上げていたものです。

編集機能が〈文章を書き、考える〉プロセスに大きな影響を与えることに気づくユーザーもいたはずですが、本質的には原稿用紙の発想から抜けられていなかったと思います。これは開発メーカーも含めてのことです。

おそらく〈文章を書き、考える〉作業に本当に飛躍をもたらしのは、物書きによるプログラミングツールの発見でした。1980年代末のことだったと思います。プログラミングのためのツールは、物書きの役にも

[*16] ここでいう「物書き」は、作家やライターなど職業的な物書きだけではなく、日常的に文章を書く一般ユーザーのことを指します。

[*17] 現代の基準からみるとちっとも美しくないわけですが。

立ちます。正確にいうと、プログラムのソースコードを書くためにテキストを操作・編集するツールです。コードを書く作業というのは相互依存関係にある複雑なテキストファイルを大量に編集する作業であり、その効率が開発の生産性に直結します。だから、そのために作られたツールがテキストの操作・編集に役立つのは当然のことです。

MS-DOSの世界の物書きユーザーは、ある時期プログラミング用エディタ（MifesやらVZ Editorやら）とUNIX由来のテキスト処理ツール（grepやsedなど）を「発見」しました。

1980年代末〜90年代初めころには、「月刊ASCII」をはじめとする一般向けのパソコン誌や書籍に、VZをハブにして各種ツールを組み合わせて使うテクニックが掲載されていました。grepとタグジャンプの組み合わせなどは、PC-9801で文章を大量に書くユーザーの間ではかなり一般的になっていたと思います。こうした使い方は「原稿用紙を再現する」「紙で行っていたことをより便利に行なう」という思考のままでは思いつかないことでした。[*18]

一方、Macの世界で物書きユーザーが「発見」したのが、MOREやActaといったアウトライナーでした。これも1980年代後半のことです。[*19]そしてあまり知られていませんが、アウトライナーの原型も実はプログラミングツールなのです。

アウトライナーの起源については諸説ありますが、今日あるようなアウトライナーとして最初のものは、デイブ・ワイナーの手によるThinkTankです。ワイナー自身の手記によれば、1970年代の半ば、ウィスコンシン大学の学生だったワイナーは、そこで目にしたLISP言語用のエディタに感銘を受けました。そのエディタは、ソースコードの階層を必要に応じて折りたたんで、全体の見通しをよくする機能を持っていました。

---

*18　そのときの物書きユーザーの感動は、たとえば黒崎政男さんの『哲学者クロサキのMS-DOSは思考の道具だ』（アスキー、1993年）でうかがうことができます。

*19　PC-9801の世界にも「IDOQ」などが登場しましたが主流はMacでした。

ワイナーは、この機能をプログラマーではない普通の人が、普通の文章を書くために使えるようにしようと思いつきます。「普通のテキストに階層構造を持たせ、それを折りたたんで全体を見通したり、順番を入れ替えたりできるエディタ」。これがアウトライナー、特に本書の用語でいう「プロセス型アウトライナー」の原型になります。[20]

　ここでのポイントは、プロセス型アウトライナーは決して「紙のアウトラインの電子化」を目指して作られたわけではないということです。このことは〈文章を書き、考える〉ツールとしてのアウトライナーの特性に大きく関わります。

　文章の表示レベルを自由に変え、マクロの視点とミクロの視点を自由に行き来するというアウトライナーの特性は、タイプライターや原稿用紙や情報カードのメタファーからは思いつかないことでした。プログラミングツールの発想が、思考プロセスにそれまでは不可能だった飛躍をもたらしたのです。

プログラマー的想像力＋物書き的想像力

　その後、コンピュータを使う人は劇的に増えました。今や、文章をコンピュータで書くことは当たり前です。しかし、MS-DOSのテキスト処理ツールや初期のアウトライナーのように、物書きの思考プロセスに飛躍をもたらしてくれる何かがその後あったでしょうか。

　確かに文章を書いて、保存して、活用して、公開して、共有するための環境は劇的に進歩しました。でも〈文章を書き、考える〉ための道具が当時からどのくらい進歩したかというと、実はそれほどでもない気が

---

*20　ワイナーはこの階層エディタを後に最初のスプレッドシート VisiCalc で有名になるパーソナル・ソフトウェア社に売り込んで契約を結びます。VisiText という名前まで決まっていましたが、諸事情で発売は流れてしまいます。そこで 1983 年に自らリビング・ビデオテキスト社を興して ThinkTank として発売します。リビング・ビデオテキストは ThinkTank に続いて MORE や Grand View といった、アウトライナー好きの間で語り継がれる名作アウトライナーを生み出します。

します。

　Google Driveは便利だし、これまでは不可能だった共同作業をできるようにしてくれました。しかし純粋に「書く」機能としては、デスクトップアプリを模倣しているだけで何か新しいことができるようになったわけではありません。Evernoteにしてもノートエディタ部分はごく普通のリッチテキストエディタです。その部分だけ取り出せば、1990年代初めからほとんど変わっていません。[*21]

「一般ユーザーにそこまで複雑なテキスト処理のニーズはない」というのは誤解です。メールやSNS、ブログやタスクリストなどを含めれば、普通の人でもかなりの量の「文章」を書いています。そして文章を大量に書く（そしてそのことを通じて考える）人は、けっこう高度なテキスト処理のニーズを持っているはずです。

　たとえば、「今年自分が書いたことや考えたことの中から、あるトピックに関することだけを抜き出して、そのアウトラインを作りたい」などということはいくらでもあります（仕事でそれができたらいいと思いませんか？）。

　しかし一般のユーザーが手にしている環境では容易にできることではありません。

　それは、(私自身も含めて) 技術に疎いユーザーがコンピュータで何ができるか本当にはわかっていないこと、あるいはわかっていたとしても思い通りのプログラムを自分では書けないからです。

　その意味では、物書きは未だにプログラマーの想像力に縛られているといってもいいかもしれません。

「こんな高度なテキスト処理機能は必要ないだろう」、そして「必要だったらもっと高度なツールの使い方を覚ればいい」という２つの想像力です。それに、本当は「テキストファイル」を扱うための機能と「文章」を扱うための機能は微妙に違います。

---

*21　最近のトレンドとしてはむしろ機能を省いて単純化する方向です。

本当は、今よりずっと高度な機能が物書きに解放されていてもいいはずです。

　今なら実現できるはずの、本当の物書きのためのツール（私は憧れを込めて「文章エディタ」と呼んでいます）は、たぶんまだ存在しません。

　今の段階で、プログラマー的想像力と物書き的想像力のバランスが一番うまい具合に取れているのは、プロセス型アウトライナーだと思います。

　それはデイブ・ワイナーが優れたプログラマーであり、同時に優れた物書きでもあることと、たぶん無関係ではありません。[22]

　そして本書で何度も見てきた通り、これは物書きだけの問題ではありません。なぜなら「書くこと＝考えること」であり、それは「生活（ライフ）と人生（ライフ）」のあらゆる場面に関わることだからです。

＊22　ワイナーの文章はブログ「Scripting News」（http://scripting.com）で読むことができます。Scripting News は最初期からのブログのひとつです。

Part

6

〈文章を書き、考える〉
アウトライン・プロセッシングの
現場

Part 6では、〈文章を書き、考える〉ことを仕事にされているおふたりに、ご自身の仕事でのアウトライナーの具体的な活用、そしてアウトライナーとその周辺についての考え方をお聞きしました。おひとりはフリーランスの物書き、もうおひとりは若き法学研究者です。

といっても、アウトライナーの礼賛話を聞くのがここでの目的ではありません。おふたりとも比較的最近アウトライナー（WorkFlowy）ユーザーになった方々です。決してアウトライナー・フリークではありません。

だからこそ、〈文章を書き、考える〉プロの仕事の中に、どのようにアウトライナーが入り込んでいったのか（あるいは入り込まなかったのか）、そしてどのように位置付けられたのかが、リアルにわかります。

◎ Part 6の内容:

○ 物書きによる物書きのための
WorkFlowy［倉下忠憲さん］

○ 研究者と学生のための知的生産と
アウトライナー［横田明美さん］

物書きによる物書きのための WorkFlowy

倉下忠憲さん

 1980年、京都生まれ。フリーランスの物書きとして活躍。ブログ「R-style」および「コンビニブログ」を主宰する他、有料メルマガを発行。Evernoteコミュニティリーダー。

24時間仕事が動き続けるコンビニ業界での経験を活かし、マネジメント、効率のいい仕事のやり方、時間管理、タスク管理について実地にて研究。著書に『Evernoteとアナログノートによるハイブリッド発想術』（技術評論社）、『Evernote「超」知的仕事術』『Evernote「超」知的生産術』『KDPではじめるセルフ・パブリッシング』（いずれもC＆R研究所）、『Facebook×Twitterで実践するセルフブランディング』（ソシム）など。セルフ・パブリッシングによる電子書籍も多数あり、「出版」の新しい可能性を探っている。

執筆のためのツール類

適材適所でツールを使い分ける

はじめに、倉下さんが執筆に使っているツール類を教えていただけますか。倉下さんといえばEvernoteのイメージがありますが……。

ひと口に執筆といっても、私は商業出版による書籍と、セルフ・パブリッシングの電子書籍、ブログやメルマガとさまざまなものを書いています。使うツールも一様ではありません。よく使っている

ツールをあげてみましょうか。

　デジタルツールからいくと、メインのテキストエディタは「CotEditor[*1]」です。アウトライナーはWorkFlowyを使用しています。ドキュメントプロセッサーとしては「Scrivener[*2]」を使っています。アナログツールでは、各種ポストイット。これはビニールの簡易パックにセットして持ち歩いています。それから情報カード。３×５インチサイズのものと、Ｂ６版のものがあります。Ａ４サイズのノートパッド（いわゆるレポート用紙）と、それを挟むフォルダー。これにはマインドマップを描いたり、付箋の台紙として使っています。そして大学ノート。

ものすごく幅広いですね。

常に全部を使うわけではありません。簡単にいうと、執筆の規模が大きくなるほど多くのツールを必要とします。逆も然りです。たとえば2000字程度のブログ記事ならこうしたツールは使いません。頭の中で構成を組み立てられるので、最初からエディタに書いていきます。

　執筆をサポートする（エディタ以外の）ツールが必要になるのは、4000字を超えるくらいからでしょうか。そして10万字を超える書籍原稿ともなると、さまざまなツールがフル回転し始めます。規模が大きくなれば、その分思考は複雑になり、複数の工程が必要になります。それぞれの工程で適材適所のツールを揃えようとすると、結果的にさまざまなツールを使うようになるわけです。

ツールを統一したい、少なく押さえたいという願望はないんですか？

そういう気持ちもありますが、自分で開発したツールでない限りは、どこかに不足が出てくるでしょう。その不足分を補うに

＊１　CotEditor：Mac 用として人気のあるテキストエディタ。http://coteditor.com
＊２　Scrivener：物書きのために作られたワープロでもエディタでもアウトライナーでもない「執筆環境」とでも言うべきツール。Mac 版と Windows 版がある。https://www.literatureandlatte.com/scrivener.php

は、適材適所でツールを使い分けるのが一番自然で簡単です。ただし、書いたものは最終的にはEvernoteに入ります。中心はあくまでもEvernote。その意味では統一されています。

WorkFlowyに出会うまで

「アウトライン」と「アウトライナー」を混同!?

多くのツールの中で、アウトライナーとしてはWorkFlowyがあります。アウトライナーにはどんなふうに出会ったのでしょうか？

アウトライナーの存在はもちろん以前から知ってはいましたが、どちらかというと毛嫌いしていました。アウトライナーで一度組み上げたアウトラインは、ずっとそこに提示されたまま動かないものだと（つまりそれに合わせて書かなければならないものだと）思っていました。

それはまさにアウトライナーについての一般的なイメージだと思います。

つまり「アウトライン」と「アウトライナー」を混同していたんですね。いわゆる「アウトライン作成」以上のことができるとは認識してなかった。タスク管理アプリみたいなものだと思っていたんです。書き出した項目を移動して整理するいうコンセプトは同じですから。だからこれを使って文章を書こうという発想はなかった。

　自分の道具にアウトライナーが登場するのは、プロの物書きとして書籍を執筆するようになってからです。もともと細かい構成を決めず書いていくタイプなのですが、本を書くためには事前に出版社に構成案を出さなければいけません。それをエディタでやるのは厳しいと思って構成案づくりの助けになるツールを探していたところ、見つけたのが某ブログです[*3]（笑）。

---

*3　私のブログ「Word Piece」のことだそうです（光栄）。

あれ、でもそれ以前から使っていますよね。

使ってはいましたが、アウトラインづくりだけではなく日記や議事録作成にも使えるという話を読んで、アウトライナーで「文章」が書けるんだと初めて認識したんです。

けっこう最近だということに驚きました。

だから、本当に真剣にアウトライナーを使い始めたのは2013年くらいからです。TreeやOmniOutlinerを試しましたが、WorkFlowyにたどり着いてからはそれがメインです。

OmniOutlinerはどうですか？

OmniOutlinerの機能はすごいと思いますが、やっぱりWorkFlowyにはクラウドの強みがあります。

倉下流執筆術とWorkFlowy

書籍執筆のフェイズとWorkFlowy

いったん執筆の話に戻りますが、倉下さんは多様なツールを使い分けることと、世代の割にアナログツールを多用することが特徴的だと思います。現在の執筆ツール群の中でアウトライナー、というかWorkFlowyはどんな位置付けなのでしょうか？

書籍のような大規模な執筆作業を例にすると、ツールの使い方はフェイズによって異なってきます。ここではデジタルとアナログを行き来するような感じです。

　執筆依頼があったらまず必要なのは企画案、つまりコンセプトづくりです。Evernoteの中に蓄積しているアイデアメモから、テーマに関連するものを発掘して集め、考えます。

　コンセプトが固まったら構成案を作ります。つまり章立てですね。こ

の段階でWorkFlowyが出てきます。1階層〜2階層くらいのアウトラインの形で章立てを作り、メールに貼り付けて出版社に送ります。

　企画が通ったら、より詳細にコンセプトを煮詰めます。実はここでは主にアナログツールが活躍します。

章立てにWorkFlowyを使うというのは自然ですが、煮詰める段階はなぜアナログなんですか？

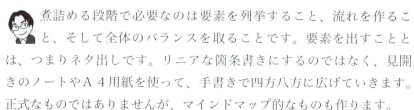煮詰める段階で必要なのは要素を列挙すること、流れを作ること、そして全体のバランスを取ることです。要素を出すこととは、つまりネタ出しです。リニアな箇条書きにするのではなく、見開きのノートやＡ４用紙を使って、手書きで四方八方に広げていきます。正式なものではありませんが、マインドマップ的なものも作ります。

なるほど、アウトライナーは発想の空間配置が苦手ですからね。

そうなんです。

それから流れを作るところですね。

流れを作ることとバランスを取ることについてはいろいろやり方がありますが、現在執筆中の本ではノートと付箋を使っています。大判の大学ノートを見開きで使い、横軸に大項目、縦軸にその中身の項目という具合にマトリクス状に付箋を貼って構成を練ります。章ごとの内容を横に並べて比較できるので、構成のバランスを取りやすくなります。このような一覧が自由にできるデジタルツールは今のところありません。

なるほど、リニアなものを横に並べて比較するということですね。これも確かにアウトライナーではできません。

必要な思考のスタイルにフィットした形を作れることが、アナログツールの強みです。ここが自由にできないと、本の内容に膨らみがなくなります。

▼図6-1 大学ノートにマトリクス状に付箋を貼って構成を練る

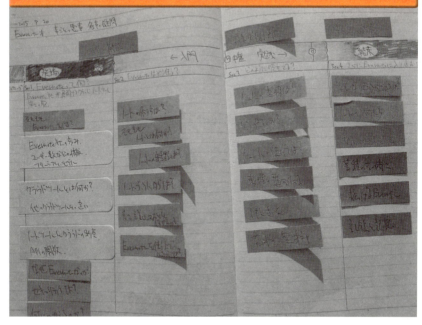

本文の執筆はどうでしょう？

コンセプトが煮詰まったら実際の執筆ですが、この部分のツールは流動的です。エディタでそのまま書いていくこともあるし、Evernoteの中で書くこともあるし、WorkFlowyを使うこともある。電子書籍の場合はePub形式のデータを作るためにScrivenerを使うので、そのままScrivenerの内蔵エディタで書くこともある。この段階はひたすら書くだけなので、これというツールがないともいえます。

……意外なほどアウトライナーの出番がありませんね（笑）。

書籍の執筆に関してWorkFlowyが欠かせないのは、構成案を組み立てるための、最初の段階です。WorkFlowyは私にとってはあくまでも「動かすための一時的な場所」です。恒久的な場所

はEvernoteであり、最後にはすべてがEvernoteに入ります。ただ、Evernoteにはノートの構成を組み替える機能がないという大きな問題があります。それを補うツールがWorkFlowyです。

私だったら確実にアウトライナーを使う場面で全くWorkFlowyが出てこないところがとても興味深いです。

連載執筆ツールとしてのWorkFlowy

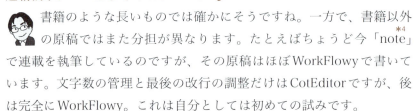書籍のような長いものでは確かにそうですね。一方で、書籍以外の原稿ではまた分担が異なります。たとえばちょうど今「note」[*4]で連載を執筆しているのですが、その原稿はほぼWorkFlowyで書いています。文字数の管理と最後の改行の調整だけはCotEditorですが、後は完全にWorkFlowy。これは自分としては初めての試みです。

短い記事であれば最初からエディタで充分ということでしたよね？

そうです。こういうことをしてみようと思ったのは、単純に「書くことが多すぎた」からです。今回の連載は全体で約1万字あります。ブログの記事1回分、つまり2000字程度までなら頭の中で組み立てられるのですが、1万字はちょっと手に余る。といって書籍の執筆のようにさまざまなツールを駆使するほどの規模でもない。そこで試しているのがWorkFlowyで連載全体を管理するという方法です。

具体的にはどんなふうに使うのでしょう？

今回は1つのネタを複数回に分けて連載したので、どんな順番でネタを出していくかが重要になります。そこでまずはWorkFlowyに6回分のネタをすべて書き出しました。文章というよりも、箇条書きのように改行しながら書き出していったのです。

そうした上で、全体を眺めて初回にフィットする内容を前の方に移動

---

*4　note：cakesが運営するSNSとブログの要素を組み合わせたウェブサービス。https://note.mu

▼図6-2　WorkFlowyで連載を管理する

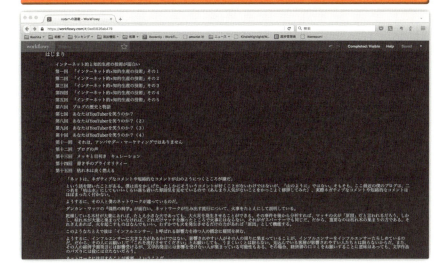

し、それを元に第１回目の原稿をまとめました。公開したものはアウトラインから引き上げ、WorkFlowyの項目に付属するノートの中に入れます[*5]。そうすればアウトライン本体からは見えなくなるので次回以降混乱しません。そして、第２回目以降も残った部分の中から同じようにまとめればいいわけです。

すべての回をひとつのアウトラインに入れてしまうわけですね。

非常に面白いと思ったのは、連載全体がアウトラインの中に入っていると、２回目、３回目のテンションが維持しやすいということです。前回分までの内容も、今回以降のネタも、ひとつのアウトラインに入っている。そこに連続性があるのです。自分をゼロから起ち上げなくてもいいという、スリープモードから復帰するような感覚があります。これは連載記事の執筆方法としてはありだなと思いました。

＊5　ややこしいですが、こちらはウェブサービスの「note」ではなくWorkFlowyのノート（Note）機能のことです。項目に付属する形で自由にテキストを書き込むことができます。

それは確かにアウトライナーに向いた使い方ですね。アウトラインがひとつの文章であり、同時に複数の文章の集合体でもあるという特性を活かしていると思います。

この方法を試したことで、メルマガ[*6]の執筆に対する考え方も変わってきました。私はメルマガを週1回発行していて、その中で連載記事を複数抱えています。今までは普通にエディタを使って書いていたのですが、前回の記事を見ないで書くので、予告した内容が出てこないまま終わるなどということもありました（笑）。今回、アウトライナーのメリットがわかったので、もしかしたらWorkFlowyを使う方法をメルマガにも取り入れるかもしれません。

現代の知的生産ツールとWorkFlowy

倉下流・ツールの適材適所とWorkFlowy

WorkFlowyだけで執筆できると思いますか？

単純に文字を書くという機能に不足はないので、エディタの代わりとしてWorkFlowyを使えないことはないと思います。文字カウントができないという問題はありますが、これはブラウザベースであることを活かしてJavaScriptなどで実現できるでしょう。

ただ、今すぐメインのエディタにできるかというと難しいです。WorkFlowy上では「書いている」というよりも「組み立てている」という感覚になります。そこで動いている脳のプロセスは、白紙のエディタに書いているのとは違うものです。そしてその感覚が合っている用途とそうでない用途があると感じています。

わかる気がします。私もWorkFlowyは素晴らしいのだけど、長文を最後まで仕上げるのは難しいと感じます。それは、プロセス

---

*6　メルマガ：「Weekly R-style Magazine」通称WRM。週1回発行。 http://rashita.net/blog/?page_id=4556

型アウトライナー全体にいえることですが。

たとえば、私はブログを毎回まっさらな「紙」に書きたい気持ちがあります。しかしWorkFlowyの場合、すべてがひとつのアウトラインの中に入ってしまう。すると、新しい文章を書こうとしても前後のコンテキストの影響を受けます。たとえZoom機能があってもそれは同じです。そのことが、連載に対してはプラスに働くのですが、逆に新しい何かを始める感覚は薄まります。だからブログを書くときはエディタで白紙のファイルを開いて書くのが向いていると思います。

一方、先ほど話したように、メルマガの連載記事などでは、毎回まっさらのエディタに書くことが、逆に脳に負担をかけている可能性があるので、ここではWorkFlowyを使う方がいいのかもしれないと考えています。

ツールの特性を見極めた上で、自分の執筆のフローの適所に組み込んでいくのはさすがだと思います。

自由度・汎用性・クラウド対応

倉下さんは知的生産全般に造詣が深いですが、現代の知的生産のツールとしてWorkFlowyをどのように評価しますか？

知的生産ツールとして一番重要なことは、自由度と汎用性です。用途が決められていないこと、個人が自由に体系を組み立てられることです。それがなければ、個人の知的生産には使えません。入力欄があらかじめ決められている、たとえば「ワインのためのノート」みたいなのは最悪です。

また、現代という観点から、もうひとつ重要なのはクラウド対応です。いつでもどこでもアクセスできるということが、現代の知的生産には欠かせません。特に私はカフェを点々としながら仕事をするのでこの点は重要です。

自由度と汎用性、そしてクラウド。EvernoteとWorkFlowyはその2つの条件を満たしています。

他のアウトライナーはどうですか？

アウトライナーとしてはOmniOutlinerも素晴らしいですが、デスクトップアプリなのでいちいちファイルを開かなくてはならない点に難があります。開いておけばいいのでしょうが、私の場合Evernoteが常に開いているので、他にもうひとつデスクトップアプリを開いておくということはあまりしたくないのです。

　WorkFlowyはブラウザの中で動くので、思い立ったらいつでも使えます。そして「ファイル」から切り離されていることによる心理的な距離の近さがあります。つまり、WorkFlowyというツールの持っている思想性と、その実装された環境がマッチしているということでしょう。

WorkFlowyに望むこと

現在のWorkFlowyに対して要望はありますか？

強いていえば、APIの開放です。これは先ほどあげた知的生産ツールとしての条件のうちの「自由度」に関わる部分です。

　今のWorkFlowyは、CSSによる見た目の部分しかカスタマイズの余地がありません。APIが開放され、ユーザーが必要に応じて、JavaScriptでちょっとした拡張をできるようになれば、可能性は大きく広がると思います。たとえば、タスク管理的に使うときには、アラーム機能を付けるようなこともできるはずです。

研究者と学生のための知的生産とアウトライナー

横田明美さん

千葉大学法政経学部准教授（行政法、環境法）。東京大学法学部在学中のゼミがきっかけで、行政法の研究者を志す。法学を学ぶ過程や悩みをリアルタイムでつづったブログが当時の研究者、大学院生、自治体関係者などの間で評判に。ブログを通じた先輩研究者との交流の中で学びながらロースクールから博士課程へと進み、研究者となる。

現在は研究者としての本業の傍らブロガー「ぱうぜ」として幅広く活動。個人ブログ「カフェパウゼをあなたと」、ブログメディア「アシタノレシピ」上で勉強や研究の進め方、文章の書き方、タスク管理などについて扱う「ぱうぜセンセのコメントボックス」、法学を学ぶ人向けに自身の経験をベースにつづる「タイムリープカフェ〜法学を学ぶあなたに」など。

研究者のツールとしてのWorkFlowy

執筆の流れ

横田さんは行政法の研究者としてだけではなく、ブロガーとしても活躍されています。硬軟・長短さまざまなタイプの文章を書く機会があると思いますが、執筆のためのツールはどのように使い分けていますか？

執筆用のツールというわけではないのですが、何か書くときにはまずノートにラフ書きすることが多いです。A5版MDノート[*7]の

方眼です。ここに今日やることから研究会や学会のメモ、原稿のアイデア、ブログのラフ書きまで何でも書きます。奥野宣之さんの影響で始めたんですが、すでに50冊以上たまっています。

50冊はすごいですね。執筆の起点はこのノートですか？

順を追って説明すると、本格的な執筆ではこのノートか、場合によっては黒板やnu boardに発想を書き出すことから始めます。次にそれを見ながらPCでマインドマップを作ります。マインドマップにはFreeMindを使っています。FreeMindでだいたいの構造をまとめたらテキストとして出力してWorkFlowyに貼り付けます。WorkFlowy上で加筆しつつ必要に応じて組み替え、最後はWordに読み込んで仕上げます。もちろん軽いものならFreeMindから直接Wordに行く場合もありますし、WorkFlowyからスタートすることもあります。

マインドマップとアウトライナーを併用する

よくマインドマップ派とアウトライナー派というような議論がありますが、横田さんはFreeMind（マインドマップ）とWorkFlowy（アウトライナー）を併用していますよね。どのように棲み分けしているのでしょうか？

最大の違いは、FreeMindでは複数の枝を作れるのに対して、WorkFlowyは1本だということです。FreeMindでは違うことを同時に考えられます。何をどんな順番で書いてもいいし、枝を何本作ってもいい。そのかわり、そのまま長文にするのは向いていません。文章

---

*7　MDノート：http://www.midori-japan.co.jp/md/products/notebook.html
*8　奥野宣之著『情報は1冊のノートにまとめなさい』ナナ・コーポレート・コミュニケーション、2008年
*9　nu board（ヌーボード）：欧文印刷株式会社が発売しているノートタイプのホワイトボード。https://obun.jp
*10　FreeMind：フリー（オープンソース）のマインドマップアプリ。Windows、Mac、Linuxで利用できる。有志による日本語版は https://osdn.jp/projects/freemind/ からダウンロード可能。

はリニアな1本の流れにならないといけないからです。WorkFlowyでは枝を1本しか作れませんが、それがいいんです。今はこのひとつの流れに集中するんだというのが目に見えるし、全体の中で今ここにいるという確認もできます。

発想はいろいろな方向に枝分かれするが、文章化するときには1本にしなければならないということですね。

FreeMindの中でやっているのは、考えたことをどんどん入れてその関係を探ること、つまり純粋に「考える」ことです。発想が煮詰まるにつれて四方八方に伸びた枝が徐々に整理され、本文に使える枝と使えない枝が決まってきます。WorkFlowyに移すのは本文に使える枝だけです。

▼図6-3 FreeMindで作ったマップ。中央から右に伸びる枝に本文、左に伸びる枝に本文とは関係ない思いつきなどが配置されている。

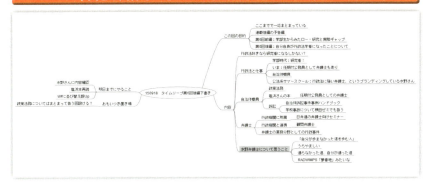

ちなみにWordのアウトラインモードは使わないんですか？

機能自体は博士論文のとき以来使っていますが、それでアウトラインを組み立てたり執筆したりということはしないですね。今でもアウトラインづくりにはWordではなくFreeMindとWorkFlowyです。

アウトライナーは「リニアだけど仮」

🧑 私は法学に関しては全くの素人ですが、法律というものはアウトライン上でリニアに考えていけるもののように想像していたんです。法律文書ってアウトラインの形してるじゃないですか（笑）。だからマインドマップが出てくるのは意外でした。

🧑 法学をやる人にもタイプがあります。リニアにロジックを組み立てられることが強みの人もいるし、発想を広げていろんなところに関連付けられることが強みの人もいます。

科目による違いもあります。たとえば刑法では罪刑法定主義といって、法律によって事前に犯罪として定められている行為についてのみ、犯罪の成立を肯定できるという考え方があります。そのため、法の厳密な解釈が基本となります。学生の答案でも、法で何が定められているのか、それがその事例でもいえることなのかを順序立てて論じなければなりません。だから思考が必然的にリニアになります。一方政策に関わる分野をやっているような人は放射状に考えます。こっちの立場からはこう、この観点からはこうと、とびとびになりやすいのです。私は放射状に考えるタイプなので、それをパソコン上で表現してくれるツールとしてFreeMindを使っています。でも放射状なままだと論文にはなりません（笑）。

🧑 そこでアウトライナーが登場するのですね。でもWorkFlowy以前はどうしてたのですか？

🧑 以前はFreeMindで発想がまとまったら直接Wordに貼って文章化していました。WorkFlowyはその中間に入ったわけです。

🧑 一段階増えたわけですね。そこでWorkFlowyが担うことになったのは何なんでしょう。考えること、つまり発想はFreeMindでできているわけですよね？

🧑 WorkFlowyによって、発想と成果物の間に文章化しつつも流動的な状態、「リニアだけど仮」の状態を作れるようになったのが大きいです。加筆しながら流れが悪い、わかりにくいと思えば簡単に並べ

替えられる。WorkFlowyの中でもやはり考えているんだけど、発想というよりも人に読める文章を考えているわけです。

「リニアだけど仮」というのはアウトライナーの本質をすごく言い当てていると思います。

▼図6-4　WorkFlowy上での「リニアだけど仮」な状態。

それからもうひとつ。FreeMindから出力した階層つきテキストを直接Wordに貼り付けても、アウトラインとして認識してくれないんです。だからいちいち手で設定しなければならなかった。今はWorkFlowyの階層をWordのアウトライン形式に変換する専用のツールを作っていただいたので、その問題が解決しました。WorkFlowy本体の話ではないのですが、すごく楽になりました。

「マロ。」さん作のツールですね。[*11]

そうです。ちなみにブログを書くときも「マロ。」さんのツールを使ってWorkFlowyからはてな記法に書き出しています。[*12]

---

*11　「マロ。」さん作のツール：「マロ。」さんによる、WorkFlowyのアウトラインを階層構造に応じて他形式に変換するツール。主にブックマークレットの形で提供される。HTML用、プレーンテキスト用、ブログサービス専用タグ用などさまざまなタイプがある。詳細は「マロ。」さんによる配布ページ（ウェブサービス「note」上で提供）を参照。https://note.mu/maro_draft

*12　はてな記法：はてなダイアリー・はてなブログで記事の書式や構造を表記する独自の記法。テキストに簡単な記号を埋め込むことで、見出しや引用などの文書構造を指定できる。

形になった論文を再構成する

他にWorkFlowyが活躍する場面はありますか？

先日、研究者仲間に協力してもらいながら、これまで発表した6本の論文を書籍用にまとめる作業をしたんです。

すでに完成している文章の再構成ですね。

そうです。独立した論文として完成しているものをひとつにまとめるのは、想像以上に大変です。このときは6本分の目次をWorkFlowyの共有アウトラインに入れ、私が話したことや研究者仲間のコメントをタグつきで書き出していきました。それから「こういう順番じゃないか」などと議論しながら組み替え、構成を作っていきました。

　純粋なアウトライナーとしての機能はもちろん、それを共有できること、タグ機能でコメントを区別できることも含め、WorkFlowyでなければ難しい作業だったと思います。

学生のためのツールとしてのアウトライナー

卒論指導を通じて知的生産を教える

横田さんはご自身の研究とともに学生を教える立場でもあるわけですが、知的生産とか文章を書くための方法論という視点で学生を見たときに、感じることはありますか。

学生には、発想と成果物の間に「整想」が必要だということを教えるようにしています。整想というのは倉下忠憲さんの造語で、発想を伝わりやすく整理する段階のことです。最初はそれがなかなかわ

---

*13　WorkFlowyのタグ機能。「#」や「@」で始まる文字列（たとえば「@Tak.」）はアウトライン上で自動的にタグとして扱われる。タグをクリックすると同じタグの入った項目だけが抽出される。WorkFlowyを単なるアウトライナー以上のものにしている機能のひとつ。

*14　倉下忠憲著『Evernoteとアナログノートによるハイブリッド発想術』技術評論社、2012年

かりません。

ぜんぶ同時にやろうとしちゃうんですよね？

そうなんです。論文に限らず、論述式の試験で書きたいことは頭にあるのに書ききれず終わってしまったという学生がいます。発想はできるのに、発想の順序を並び替えて取捨選択するというところに行かない。発想と整想が混ざってしまうんです。

そういう場面ではアウトライナーが役に立つと思うんですが、アウトライナーの使い方を教えるということはあるんですか？

アウトライナーそのものを教えるということはありませんが、卒業論文の指導を通じて知的生産の技術を必要に応じて教えていきます。

横田ゼミの卒業論文の仕様を拝見しましたが、文字数は3万字から4万字、自分で主体的にテーマと問題に対するアプローチを決め、調査をし、そして書く……。これはかなりハードル高くないですか。

かなり高いです。

もう2月ですが、卒論の提出は済んだんですか？

1月に全員が無事に提出しました。大変でしたが、最終的には政策系の論文として筋が通ったものを全員が提出しました。最初はレベル15だと思っていた子が、学部生としてならどこに出しても恥ずかしくないレベル50のものを出してきた。

それは教員冥利につきますね。

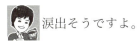涙出そうですよ。

卒論の指導というのはどんなことをするんでしょうか。

徹頭徹尾アウトラインを書き、文章を書き、アウトラインを修正するというのを繰り返させます。

シェイクですね。

シェイクです。*15

指導の様子をもう少し詳しく教えてください。

前提として、卒論以前にレポートを書く訓練をしています。３年生の４月から５月までの間で、本を３冊読んでレポートを書いてもらう。アウトラインを作るとか引用元をきちんと管理するとか、そういう基本的なことをここで学びます。指導に使うのは戸田山和久先生の本です。*16 学生が自力で読める内容で、「アウトラインを育てる」ということがちゃんと書いてあります。

ひと通りの方法論はそこで身に付けるわけですね。

そうです。４年生になってすぐに論題を提出します。テーマを決めるわけですね。７月までは就活もあるので、その間にテーマについて情報を集めてもらい、９月の末に論文の概略を提出します。ここでアウトラインを作ります。

アウトライナーではなく、ワープロで打ったアウトラインですよね。

＊15　横田さんとは以前からアウトライナーに関する話をしており、『アウトライン・プロセッシング入門』も読んでいただいているので〈シェイク〉という言葉をご存じです。
＊16　戸田山和久著『新版　論文の教室　レポートから卒論まで』日本放送出版協会、2012 年

A4用紙1枚に論文の概要とアウトライン、それに参考文献を書いたものです。こうしたやり方も戸田山先生の本が参考になります。これを使って、3年生を含むゼミ生全員の前でプレゼンテーションをします。プレゼンテーションを聞いた3年生には、手伝いたいと思った先輩ひとりに付いて相談役をつとめてもらいます。最低限文章のチェック役ですが、それ以上やってもかまいません。お互い勉強になるしピアレビューの訓練になります。

それは3年生にも勉強になりますね。

11月には2度目の概略提出。今度はA4用紙2枚。さらに育ったアウトライン、人によっては本文の途中経過を出した人もいます。

12月に入ると完全に本文を書くフェイズで、書くこととアウトラインを修正することの繰り返しです。この段階では内容については敢えて聞かず、パソコンの先生をします。Wordのクロスレファレンスとか目次とか図表とか、論文を書くに当たって必要になる機能を教えます。

年明けから提出日の8日までは、研究室で常に何人かが泣きながら作業しているという修羅場でした（笑）。この段階では個別指導です。「章の並びがおかしいから組み替えたら」とか、「前提が抜けているからもう一度整理してごらん」とか。それでも最終的にはみんなきちんとした卒論を提出してくれました。

普遍的なツールと手法、そしてアウトライン

学生にとってのアウトライナーということをお聞きしたいんですが、卒論の執筆にWordのアウトラインモードを使った人はいましたか？

まちまちです。12月の段階でアウトラインモードも見せているので、使った学生もいます。使っていない子もアウトライン自体は全員が作っています。

私は昔からとても文章を書くことが苦手で、アウトライナーに救われたという切実な感覚があります。それに今思うとノートの整理とか勉強にもアウトライナーは役に立つと感じています。だから学生にもっとアウトライナーを使ってほしいなあとつい考えてしまいます。

ひとつには学生とパソコンをめぐる環境の変化があります。私が学んでいた時代、つまり10年前と今の学生の環境を比べたとき、変わったことはネットの使い方です。私のころは「ネットで調べただけで書いちゃだめ」と言われていました。今は「ネットをきちんと使い、紙の本と行き来しながら書け」といっています。しかし変わらないことがあって、それは自分のパソコンを持っていない学生が多いことです。[*17]

うーん、そうか。やっぱりそうなんですね。

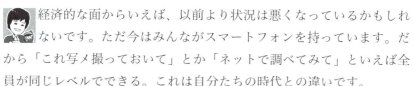経済的な面からいえば、以前より状況は悪くなっているかもしれないです。ただ今はみんながスマートフォンを持っています。だから「これ写メ撮っておいて」とか「ネットで調べてみて」といえば全員が同じレベルでできる。これは自分たちの時代との違いです。

それは昔想像していた未来とは違いますね……。

もちろん卒論は全員パソコンを使い、Wordで書きました。卒論を書くためにパソコンを買った子もいれば、家族のものを占拠して書いた子もいます。学部の1年生には、バイトしてまず買うべきものは自分専用のパソコンだ、安物でもいいからといっています。

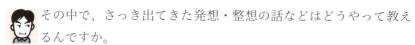その中で、さっき出てきた発想・整想の話などはどうやって教えるんですか。

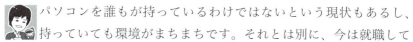パソコンを誰もが持っているわけではないという現状もあるし、持っていても環境がまちまちです。それとは別に、今は就職して

---

*17 この指導の背景には、昨今の出版事情に対する警告があります。詳細は「ぱうぜセンセのコメントボックス」の「信用できる本ってどう見分けるの？ 情報の目利きになるには」の回にまとめられています。学部1年生ゼミの指導から生まれた記事です。 http://www.ashi-tano.jp/?p=7930

もセキュリティ上デジタルツールが使えない現場もあります。

　だから普遍的なノウハウを教えようと思ったらアナログから入ったほうがいいというのが私の経験則です。アナログで理解できる範囲をまず教えます。たとえば「発想に詰まったらポストイットに書き出して、ノートの上で並べ替えながら考える」などです。これはマインドマップと同じで発想の空間配置です。あとタスク管理の考え方なども教えています。卒論を通じて教えていることは、アカデミックな世界に通じることであると同時に、ビジネスの世界でも応用できます。「本質は同じで、どこでも使える」と強調しています。

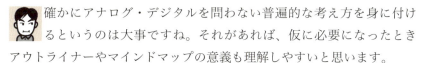　確かにアナログ・デジタルを問わない普遍的な考え方を身に付けるというのは大事ですね。それがあれば、仮に必要になったときアウトライナーやマインドマップの意義も理解しやすいと思います。

　もちろん、興味を持った学生に「先生はどうやっているんですか」と聞かれたら、自分のやり方をデジタルも含めて見せています。今年のある４年生にはWorkFlowyを見せました。使い方をプリントアウトしたものを渡して、「私のパソコンでちょっと遊んでごらん」といって使わせたら、「すごく楽しかった」といって帰って行きました。

　全員でそれができればいいですね。アウトライン・プロセッシングは書いたり考えたりするための汎用的な技法だと私は思っています。書くことにも勉強にも使えるし、アナログでの思考にも応用できる。だからパソコンを買ったら、ぜひ触れてほしいですね。

　もうひとつは、アウトライナーに関してはノウハウが本としてまとまったものがない。私は研究室の本棚の一部を学生貸出用に開放しているんですが、そこに置ける本がない。

　『アウトライン・プロセッシング入門』は……（笑）

　電子書籍は貸し出しできないから。

紙の本が求められますね。

期待しています[*18]（笑）

---

*18 本書のことです。お役に立てればいいのですが。ただし本書はアカデミックな現場でのアウトライナーの活用には触れていません（触れる資格がありません）。そうした現場ではもともとアウトラインの考え方がある程度普及しています。本書はそこから外れた部分をカバーしているともいえるわけですが、アウトライナーを前提に研究分野でのアウトライン・プロセッシングのノウハウをまとめたものがあるといいなとも思いました。現場の研究者には、そうしたノウハウを蓄積している方々がたくさんいるはずです。

Part
7

アウトライン・プロセッシングの風景

アウトライン・プロセッシング、特に〈シェイク〉には「百聞は一見にしかず」というところがありますが、
現実問題として、アウトラインを編集しているプロセスをすべて見せることは簡単ではありません。

それを敢えて紙上でやってみようというのが、Part 7です。
〈シェイク〉しながらアウトラインが育っていく感覚を、
少しでも感じていただけるといいのですが……。

◎ **Part 7の内容:**

○ 買い物リストを〈シェイク〉する

○ フリーライティングから文章化する

買い物リストを〈シェイク〉する

「今日はミートソースのスパゲッティが食べたいなあ、でも缶詰やレトルトじゃないのがいいなあ」と思ったとします。そこで買い物リストを作ります。

▼図7-1　ミートソースに必要なもの

・トマト缶
・オリーブオイル
・にんじん
・たまねぎ
・セロリ
・合い挽き肉
・パルメザンチーズ
・スパゲッティ
・にんにく

どのように書き出してもいいのですが、買い物リストの問題点は、必要なものを冷蔵庫と相談しながら書き出すときの順番と、買い物の動線が往々にして合っていないことです。それでカゴに入れそこねて順路を戻るということがしばしば発生します。

もちろん普通は何度か買い物するうちに動線を計算しながら歩き回るようになるのですが、リスト自体が動線を反映していれば便利なことに変わりありません。

買い物リストをボトムアップでアウトライン化する

そこで、書き出したリストを実際の動線に合わせてアウトライン化してみます。私の家の近所のスーパーマーケットは1階が生鮮食料品、地下1階がその他食料品と雑貨類の売り場になっています。そこでフロア別、続いて売り場ごとにグルーピングし、さらにレジまでの動線を考えながらソーティングします。当初の単純なリストを元に、ボトムアップでアウトラインを作ることになります。

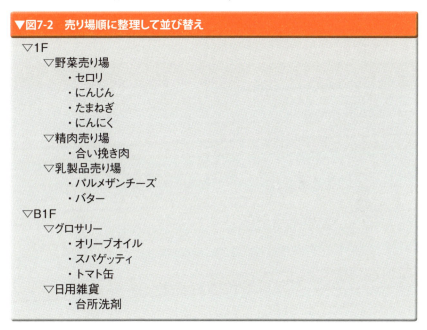

▼図7-2　売り場順に整理して並び替え
▽1F
　▽野菜売り場
　　・セロリ
　　・にんじん
　　・たまねぎ
　　・にんにく
　▽精肉売り場
　　・合い挽き肉
　▽乳製品売り場
　　・パルメザンチーズ
　　・バター
▽B1F
　▽グロサリー
　　・オリーブオイル
　　・スパゲッティ
　　・トマト缶
　▽日用雑貨
　　・台所洗剤

アウトライン化した後では、当初のリストにはなかった項目がいくつか増えています。「バター」と「台所洗剤」です。アウトラインを操作していると、「そういえばバターも切れかかっていた」とか「台所洗剤を補充しておこう」とかいろいろと思いつくのです。フロア別、売り場別に並べ替えたことによって「乳製品売り場で他に買うものはなかっただ

ろうか？」、「日用雑貨売り場では？」などと自然に考えるからです。これも、アウトライナーが買い物リストに有効な理由のひとつです。

買い物全体のアウトラインへ

買い物ついでに済ませておく用事もいろいろとあります。そこで、スーパーマーケット以外の用事にまで、アウトラインを拡大します。

今までのアウトラインはスーパーマーケットで買う物のリストなので、1階層レベルアップして「スーパーマーケット」という項目を作り、その下に入れます。さらに、「スーパーマーケット」は買い物の一部なのでもう1段レベルアップして「買い物」という項目を立てます。

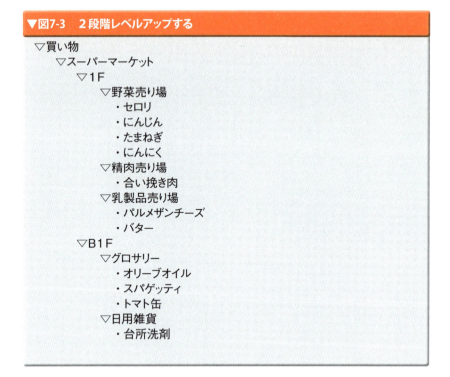

▼図7-3　2段階レベルアップする
```
▽買い物
    ▽スーパーマーケット
        ▽1F
            ▽野菜売り場
                ・セロリ
                ・にんじん
                ・たまねぎ
                ・にんにく
            ▽精肉売り場
                ・合い挽き肉
            ▽乳製品売り場
                ・パルメザンチーズ
                ・バター
        ▽B1F
            ▽グロサリー
                ・オリーブオイル
                ・スパゲッティ
                ・トマト缶
            ▽日用雑貨
                ・台所洗剤
```

次にスーパーマーケットへ行くついでにできそうなことを、「スーパーマーケット」と同じ階層にリスティングしていきます。「スーパーマーケット」はいったん折りたたんでおきます。

- ●先週クリーニングに出しておいたスーツを受け取らなきゃ
  →クリーニング店
- ●銀行で今のうちに家賃の振り込みを済ませておこう→銀行
- ●買い物がすんだら本を買おう→書店
- ●食パンを補充しておこう→パン屋
- ●ちょっとひと休みしてコーヒー飲んで帰ろう→ドトール

▼図7-4　買い物のアウトライン①

```
▽買い物
    ▷スーパーマーケット
    ▽クリーニング店
        ・スーツを受け取る
    ▽銀行
        ・家賃の振り込み
    ▽パン屋
        ・食パン(六枚切り)2斤
    ・書店
    ・ドトール
```

　視点が2階層上がったことによって視界が開け、これまで見えなかったものが見えるようになっています。これがレベルアップの効果です。そこで新たに生まれた項目から、さらに思考が誘発されます。

- ●クリーニング店に行くなら他に持っていくものはないか。そうだ、冬のセーターをまだクリーニングに出してなかった
- ●書店に寄るなら久しぶりに何か小説を買って買い物のあとドトールで読もう
- ●初心者向けの統計の本も探そう

買い物リストを〈シェイク〉する　　　　229

- そうだ、付箋が切れていたから文具店に寄ろう。ついでにクリアファイルも買っておこう
- 忘れ物しないように出かける前に準備しないと
- ドトールではコーヒー飲む以外に用事はないよね……いや、でもコーヒー豆が切れかけてた。これはスーパーマーケットで買っておこう

▼図7-5　買い物のアウトライン②

▽準備するもの
　・クリーニングに出すセーター
　・クリーニング店の伝票
▽買い物
　▽スーパーマーケット
　　▽1F
　　　▽野菜売り場
　　　　・セロリ
　　　　・にんじん
　　　　・たまねぎ
　　　　・にんにく
　　　▽精肉売り場
　　　　・合い挽き肉
　　　▽乳製品売り場
　　　　・パルメザンチーズ
　　　　・バター
　　▽B1F
　　　▽グロサリー
　　　　・オリーブオイル
　　　　・スパゲッティ
　　　　・トマト缶
　　　　・コーヒー豆
　　　▽日用雑貨
　　　　・台所洗剤
　▽クリーニング店
　　・スーツを受け取る
　　・セーターを出す
　▽銀行
　　・家賃の振り込み
　▽パン屋
　　・食パン（六枚切り）2斤

```
▽書店
    ・新刊の小説
    ・統計の入門書
▽文具店
    ・付箋
    ・クリアファイル
・ドトール
```

　こうして単なる買い物メモが「買い物」全体を網羅するアウトライン
へと成長していきます。

　もちろん、アウトラインの基本構造は一度作ってしまえば使い回しが
きくので、毎回こんな面倒なことをする必要はありません。ひな形とし
てカテゴリーの部分を残しておけばいいのです。

　たかが買い物リストですが、トップダウン思考とボトムアップ思考が
繰り返され、〈シェイク〉されているのがおわかりだと思います。

　視点が全体と部分を行き来することで、次々と発想が生まれるだけで
はなく、全体の中に位置付けることも同時に行えます。その物理的な操
作をアウトライン操作の５つの〈型〉が支えます。

　思考を広げながらも全体への目配りもできる、このメリットはアウト
ラインの規模を問いません。

　買い物リストという日常的かつ小規模なものを例にしましたが、長文
作成や大規模なプロジェクトの検討でも考え方は同じです。規模を問
わず、〈シェイク〉という同じシンプルな方法が使えるのもアウトライ
ン・プロセッシングの魅力です。

買い物リストを〈シェイク〉する

フリーライティングから
文章化する

　次に、買い物リストよりもう少し複雑なアウトライン・プロセッシングの例をお見せしましょう。

　以下に紹介するのは、2014年に実際に行った作業で、アウトライン・プロセッシング、具体的には〈シェイク〉についてのブログ記事を書く様子です。2000字程度の短い文章ですが、「3.2　自由な発想を文章化する」で紹介した方法を、ほぼそのまま実践しています。

　ここでは、フリーライティングで発想し、テーマを探し、仮アウトラインを作り、〈シェイク〉しながら育てて記事として完成するまでのアウトラインの変遷を、できるだけ忠実に再現してみました。

　保存してあった途中段階のアウトラインを元に起こしたものなので、本当の意味での「普段の作業」の記録ではありませんが、イメージはつかんでいただけると思います。

　いわゆる「アウトラインを作って文章を書く」作業とはかなり異なることがわかるのではないでしょうか。

232　　　Part 7　アウトライン・プロセッシングの風景

全体の流れ

以下のステップで発想から完成までアウトライナー上で行います。

フリーライティングから文章化する

Step1
自由なフリーライティング

フリーライティングを通じて、書くべき内容（テーマ）を見つけます。

　書く前の時点で決めていたのは、「アウトライナーで文章を書くとはどういうことかについて言葉にする」ということだけです。感覚では理解できているのですが、それがクリアにはなっていません。

　そこで書きたいことをとらえるために、フリーライティングを行います。20分〜30分の間、頭にあることをアウトライナー上に自由に書き出します。後から操作しやすいように、センテンスごとに改行するようにしました。

　以下は、実際にフリーライティングで書き出した内容です。[*1]

▼図7-6　1回目のフリーライティング（全文）

- アウトライナーで書くとはどういうことか。
- アウトライナーによる思考の特徴、アウトライナーで書くことの特徴は何か。
- アウトライナーについて一番いいたいことは何か。
- アウトライナー嫌いの人について。
- アウトライナー嫌いの人はなぜアウトライナーが嫌いなのか。
- 単純に好みの問題ということもある。
- 階層構造が好きじゃないとか。
- でも自分も階層構造はあんまり好きじゃない。
- ほとんどの場合、アウトライナー嫌いは誤解からだろう。
- アウトライナーについての誤解について考えてみる。
- 典型的なアウトライナー嫌いの主張その1。
- 「しばられてしまう」
- 「自由に書けない感じがする」
- アウトライナーを使うとつまらなくなる、文章がしばられてしまうといった人。
- これはアウトライナーについて一番典型的な誤解。
- まずは、アウトライナーはアウトラインを先に作ってそれに合わせて書くものだと思っていること。

---

*1　全部読まなくてもいいですよ!

- もちろんそんなことをしていたらしばられるのは当然だ。
- これは、アメリカの文章教育でアウトラインを習った人が抱えるトラウマと同じ。
- トップダウン的な認識の人。
- こういうのは、紙のアウトラインを知っている人に多い。
- アウトライナーを知る前にアウトライン作成を試みてしまったか、「目次案」や「構成案」に基づいて文章を書こうとした人?
- それがうまくできる人もいるのだが、できない人は拒絶反応を起こすようになる。
- 一見効率的に思えるからよけいそうなのだろう。
- まず先にアウトラインを作っても、ぜったいその通りに書けない。
- 無理に書こうとしても消耗するか、つまらない文章になる。
- そのための道具と認識すれば、それは嫌いになる。
- でも、逆の誤解もあるような気がする。
- アウトライナーはアイデア発想ツールだという認識。
- アイデア・プロセッサーと呼ばれたりすることが原因かもしれない。
- キーワードを書き出していって、グルーピングしていったり。
- アイデアを書き出してKJ法っぽく整理していったり。
- これはボトムアップ的な認識の人だろうか。
- こういう人は、トップダウン的な認識よりはアウトライナーに好意的なことが多いけど、このやり方も意外に続かないことが多い。
- アウトライナー発想法を最初はやっているが、やめてしまうことが多い。
- たぶん、あんまり効果がないんじゃないかな。
- 発想はリニアじゃないから。
- 個人的には、カードや付箋でやっていたことをアウトライナーでやろうとしてもうまくいかないと思う。
- アウトラインはリニアなものだから。
- リニアなアウトライン上に発想を並べていってもやっぱり縛られる感覚になってしまうと思う。
- じゃあ、トップダウンもボトムアップもダメなのか。
- トップダウンでもボトムアップでもないなら、アウトライナーの思考って何なのか。
- 実際には自分はトップダウン的な使い方もボトムアップ的な使い方も両方している。
- これは、上で見てきた認識とどう違うのか。
- 両方の認識について「誤解」だと感じるのに、自分は両方ともやっているという。
- 不思議。
- あと、自分の使い方を特徴付けるのは「未使用」だろう。
- ある程度以上の規模・複雑さのアウトラインを作るときは、ほとんどの場合末尾に「未使用」という見出しを立てる。
- 泡のように浮かんできた発想を受け止める場所。
- なぜ泡のように浮かんでくるのか。

フリーライティングから文章化する

- 浮かんでくるのはボトムアップ的な発想。
- でも浮かんできた後はどうする?
- とりあえず「未使用」に入れるのだが、それを本体に組み込む場所がいる。
- つまり浮かんできた泡を入れるために、もともとのアウトラインを組み替えるのだ。
- アウトラインを組み替えるというのはトップダウン的な思考だ。
- そして、新しいアウトラインに基づいて考えているうちにまた泡が浮かんでくる。
- だからこそ両方やるのだ。
- というか、両方というよりも交互にやるというほうが近いかも。
- もともと自分はよくアウトラインをシェイクするという表現を使ってきた。
- これは、アウトラインをちょっと揺さぶるとすぐに流動化し始めるというくらいの比喩的な表現だったのだが、この交互にボトムアップとトップダウンを行き来することこそがシェイクなのではないか。

Step2
テーマの探索
フリーライティングで書き出したことの中から、「これは」と思うところ、ポイントになりそうなところをマークして抜き出します

　書き出した内容を読み返し、書きたいことのテーマにつながると感じたフレーズをマークして抜き出します。どうやらこれらのフレーズがポイントになりそうです。

▼図7-7　1回目のフリーライティングから抜き出したテーマにつながるフレーズ

- アウトライナー嫌いの人はなぜアウトライナーが嫌いなのか
- アウトライナーについての誤解
- アウトライナーをアウトラインを先に作ってそれに合わせて書くものだと思っている
- トップダウン的な認識
- アウトライナーはアイデア発想ツールだという認識
- ボトムアップ的な認識
- 自分はトップダウン的な使い方もボトムアップ的な使い方も両方している
- 交互にボトムアップとトップダウンを行き来することこそがシェイク

フリーライティングから文章化する

Step3
テーマを絞ったフリーライティング

ピックアップしたポイントに絞って、二度目のフリーライティングをします。

Step 3では、ピックアップしたフレーズを意識しながら、もう一度フリーライティングします。フリーライティングのやり方自体はStep 1と同じですが、今回はなるべくテーマから逸脱しないように書きます。

▼図7-8　2回目のフリーライティング（全文）

・アウトライナー嫌いの人は多いけれど、その多くは誤解に基づいている。

・たとえば、アウトライナーは先にアウトラインを作ってそれに合わせて書くもの、つまりトップダウン的な思考を行うものだという認識に基づくもの。
・これは、紙のアウトラインでやっていたことと同じことだ。
・それはつまり書く内容を書く前に考えろということで、そもそも無理なことだ。
・書く前に考え抜けといわれてもそんなことはできない。
・どれだけアウトラインを考え抜いても、書き始めれば、そして筆が乗ってくるほど、アウトラインにないことが頭に浮かぶ。
・でもそれは悪いことだろうか。
・それは頭が活性化していることではないのか。
・アウトラインに合わせて書くということは、活性化した頭に浮かんだことを捨てるということだ。
・つまりつまらなくなる。

・もうひとつは、アウトライナーはアイデアをランダムに書き出して整理する発想ツール、つまりボトムアップ的な思考を行うものだという認識に基づくもの。
・これはある種の発想の整理には役立つが、逆に全体の統一性を取ることが難しくなる。

・これらの方法が間違いなのかというとそんなことはない。
・でも、どちらも充分ではない。
・トップダウンやボトムアップのみでは完結しない。

- 人間の思考はもっと複雑だ。
- 実際に自分だって、トップダウン的なアプローチもボトムアップ的なアプローチも両方使っている。
- 両方というよりも、両者の間を行き来するような使い方をしている。
- アウトライナーを使うと、自然にそうなる。
- つまり、それが一番自然なのだ。
- トップダウンとかボトムアップが分かれていたのは、ツールの制約にすぎない。
- トップダウンもボトムアップも、アウトライナーでの思考のアプローチとして正しい。
- というか、これ以外のアプローチはないといってもいい。
- にも関わらず、どちらの認識の人にも「誤解」だと感じさせてしまう。
- その認識だと、アウトライナーの威力の半分も理解できないのではないかという感覚がある。
- 実際、トップダウン的なアプローチ、ボトムアップ的なアプローチ、いずれか一方でも足りない。充分ではない。
- 使っていて、どちらか一方で済んでしまう場合って、ネタがかなり単純な場合だけだ。
- たいていは、両方のアプローチを使う。
- それも、特に意識しないで自然に両方やるようになる。
- 同時進行ではなく両者の間を行き来する。
- 揺さぶると何かが出てくる感じ。
- 以前からアウトラインを揺さぶる（シェイク）という表現を使ってきたけど、それはこのことかもしれない。
- これを「シェイク」と呼ぶことにする。
- アウトライナーで文章を書く作業の実際の例を見れば、シェイクの自然さと、その役割がわかる。
- 意識しなくても自然にシェイクが行われている。
- シェイクの効果を言葉にすると何か。
- ボトムアップは、書きながら浮かんでくる細かいランダムな発想。
- トップダウンは全体の構造。
- 細かいランダムな発想を受け止めるために、全体の構造を変える。
- 全体の構造を変えて書き始めると、また新たなランダムな発想が浮かぶ。
- その繰り返し。
- 細かい発想を全体に戻す。
- 全体を細かい発想に戻す。
- 両者の間のフィードバック。
- 全体と細部の両方に目を配った内容になるということ。
- 考えてみると、同じようなことを本で読んだことがある。

フリーライティングから文章化する

- ・昔からおそらくこのことは理解されていたのだ。
- ・だから目新しいことではない。
- ・でもひとついえることは、アウトライナーの存在でやりやすくなったということ。
- ・意識せず自然にできるということ。
- ・普通のワープロや紙でトップダウンとボトムアップを行き来するのは大変な手間がかかる。
- ・つまり、アウトライナーで楽にできるようになった。
- ・楽にできるから自然にできる。
- ・これがアウトライナーによる思考の特徴であり、コアだ。

Step4
テーマの明確化

書こうとしていることを1行で書き出してみます。

Step 4 では、フリーライティングの結果を見ながら、今回書こうとしていることを1行に圧縮してみます。

▼図7-9　書こうとしていること（テーマ）を1行に圧縮

テーマ：
アウトライン・プロセッシングによる思考は、
トップダウン思考とボトムアップ思考を行き来する「シェイク」

　この段階で見れば、内容自体は1回目のフリーライティングですでに出てきていたことがわかります。そして、2回目に背景をしっかりと固められたことで、これが「書こうとしていることだ」と確信できたと思います。

フリーライティングから文章化する　　　　241

Step5
仮のサマリーを作る

書こうとしている文章のサマリーを1段落で書いてみます。

Step 5 では、先ほど書き出した「書こうとしていること」を1段落に膨らませてみます。どんな流れになるのか、どんな要素が入るのかも意識します。

▼図7-10　仮のサマリー

アウトライナーに対して、トップダウン思考のイメージを持っている人とボトムアップ思考のイメージを持っている人がいる。どちらも充分ではない。実際のアウトライン・プロセッシングでは両方を交互に行う。アウトラインにしたがって書き、書きながら浮かぶアイデアをアウトラインにフィードバックし、またアウトラインにしたがって書くことを繰り返す。これを「シェイク」という。その有効性は昔からいわれていたが実践は難しかった。それを意識せず自然にさせてくれるのがアウトライン・プロセッシングだ。

Step6
仮アウトラインを作る

仮のサマリーを元に、仮アウトラインを作ります。

　Step 6 では、仮アウトラインを作ります。仮サマリーをブレイクダウン（改行で区切って項目化＝要素分解）していきます（図7-11）。これを階層化すればアウトラインになります（図7-12）。もちろん末尾に「未使用」を立てます。

▼図7-11　仮サマリーを改行で分割していく（要素分解）

▷アウトライナーに対して、トップダウン思考のイメージを持っている人とボトムアップ思考のイメージを持っている人がいる。どちらも充分ではない。実際のアウトライン・プロセッシングでは両方を交互に行う。アウトラインにしたがって書き、書きながら浮かぶアイデアをアウトラインにフィードバックし、またアウトラインにしたがって書くことを繰り返す。これを「シェイク」という。その有効性は昔からいわれていたが実践は難しかった。それを意識せず自然にさせてくれるのがアウトライン・プロセッシングだ。
- ・アウトライナーに対して、
- ・トップダウン思考のイメージを持っている人と
- ・ボトムアップ思考のイメージを持っている人がいる。
- ・どちらも充分ではない。
- ・実際のアウトライン・プロセッシングでは両方を交互に行う
- ・アウトラインにしたがって書き、
- ・書きながら浮かぶアイデアをアウトラインにフィードバックし、
- ・またアウトラインにしたがって書くことを繰り返す。
- ・これを「シェイク」という。
- ・その有効性は昔からいわれていたが、実践は難しかった。
- ・それを意識せず自然にさせてくれるのがアウトライン・プロセッシングだ。

フリーライティングから文章化する　　　243

▼図7-12　階層化してアウトラインにする

▷アウトライナーのイメージ
- ・トップダウン思考
- ・ボトムアップ思考
- ・間違いではないが……

▷実践では両方を交互に行う
- ・アウトラインにしたがって書く(トップダウン)
- ・書きながら浮かぶアイデアをアウトラインに戻す(ボトムアップ)
- ・アイデアを組み込めるようにアウトラインを変える(トップダウン)
- ・繰り返す

▷〈シェイク〉の有効性は昔から指摘
- ・実践は難しかった
- ・〈シェイク〉を自然に行えるのがアウトライン・プロセッシング

・未使用

Step7
仮アウトラインに沿って内容を整理する

「未整理」の下にフリーライティングのテキストを貼り付け、仮アウトラインにしたがってグルーピングします。

　Step 7 では、まず、2度目のフリーライティングの結果を「未使用」の下に貼り付けます（図7-13）。この程度のアウトラインを元にトップダウンで文章を書こうとすると、たいてい行き詰まるのですが、ここではすでにフリーライティングの結果があります。そこでフリーライティングの内容を該当すると思われる見出しの下へ振り分けていきます（図7-14）。これが本文のベースになります。[*2]

　もちろんフリーライティングは冗長で重複が多いものなので、使えない断片もあります。使えないものは「未使用」の下に残しておきます。

　項目移動後にアウトラインを折りたたんでみると、仮アウトラインの時点ではなかった項目がいくつかできています（図7-15）。これは整理するときに収まりがいいように新たに作った項目です（すでに〈シェイク〉は始まっています）。

＊2　「3.2　自由な発想を文章化する」ではフリーライティングの内容にいったん見出しをつけてからグルーピングしましたが、このときはそのままの形でグルーピングしました（決まりはないのでやりやすい方でかまいません）。

フリーライティングから文章化する　　　　245

▼図7-13　フリーライティング結果を「未使用」の下に貼り付け

▽アウトライナーのイメージ
- トップダウン思考
- ボトムアップ思考
- 間違いではないが……

▽実践では両方を交互に行う
- アウトラインにしたがって書く(トップダウン)
- 書きながら浮かぶアイデアをアウトラインに戻す(ボトムアップ)
- アイデアを組み込めるようにアウトラインを変える(トップダウン)
- 繰り返す

▽〈シェイク〉の有効性は昔から指摘
- 実践は難しかった
- 〈シェイク〉を自然に行えるのがアウトライン・プロセッシング

▽未使用
- アウトライナー嫌いの人は多いけど、その多くは誤解に基づいている。
- たとえば、アウトライナーは先にアウトラインを作ってそれに合わせて書くもの、つまりトップダウン的な思考を行うものだという認識に基づくもの。
- これは、紙のアウトラインでやっていたことと同じことだ。
- それはつまり書く内容を書く前に考えろということで、そもそも無理なことだ。
- 書く前に考え抜けといわれてもそんなことはできない。
- どれだけアウトラインを考え抜いても、書き始めれば、そして筆が乗ってくるほど、アウトラインにないことが頭に浮かぶ。
- それは頭が活性化していることではないのか。
- アウトラインに合わせて書くということは、活性化した頭に浮かんだことを捨てるということだ。
- つまりつまらなくなる。
- もうひとつは、アウトライナーはアイデアをランダムに書き出して整理する発想ツール、つまりボトムアップ的な思考を行うものだという認識に基づくもの。
- これはある種の発想の整理には役立つが、逆に全体の統一性を取ることが難しくなる。
- これらの方法が間違いなのかというとそんなことはない。
- でも、どちらも充分ではない。
- トップダウンやボトムアップのみでは完結しない。
- 人間の思考はもっと複雑だ。
- 実際に自分だって、トップダウン的なアプローチもボトムアップ的なアプローチも両方使っている。
- 両方というよりも、両者の間を行き来するような使い方をしている。
- アウトライナーを使うと、自然にそうなる。
- つまり、それが一番自然なのだ。
- トップダウンとかボトムアップが分かれていたのは、ツールの制約にすぎな

い。
- ・トップダウンもボトムアップも、アウトライナーでの思考のアプローチとして正しい。
- ・というか、これ以外のアプローチはないといってもいい。
- ・にも関わらず、どちらの認識の人にも「誤解」だと感じてしまう。
- ・その認識だと、アウトライナーの威力の半分も理解できないのではないかという感覚がある。
- ・実際、トップダウン的なアプローチ、ボトムアップ的なアプローチいずれか一方でも足りない。充分ではない。
- ・使っていて、どちらか一方で済んでしまう場合って、ネタがかなり単純な場合だけだ。
- ・たいていは、両方のアプローチを使う。
- ・それも、特に意識しないで自然に両方やるようになる。
- ・同時進行ではなく両者の間を行き来する。
- ・揺さぶると何かが出てくる感じ。
- ・以前から「シェイク」という表現を使ってきたけど、このことかもしれない。
- ・これを「シェイク」と呼ぶことにする。
- ・アウトライナーで文章を書く作業の実際の例を見れば、シェイクの自然さと、その役割がわかる。
- ・意識しなくても自然にシェイクが行われている。
- ・ボトムアップは、書きながら浮かんでくる細かいランダムな発想。
- ・トップダウンは全体の構造。
- ・細かいランダムな発想を受け止めるために、全体の構造を変える。
- ・全体の構造を変えて書き始めると、また新たなランダムな発想が浮かぶ。
- ・その繰り返し。
- ・細かい発想を全体に戻す。
- ・全体を細かい発想に戻す。
- ・両者の間のフィードバック。
- ・全体と細部の両方に目を配った内容になるということ。
- ・考えてみると、同じようなことを本で読んだことがある。
- ・昔からおそらくこのことは理解されていたのだ。
- ・だから目新しいことではない。
- ・でもひとついえることは、アウトライナーの存在でやりやすくなったということ。
- ・意識せず自然にできるということ。
- ・普通のワープロや紙でトップダウンとボトムアップを行き来するのは大変な手間がかかる。
- ・つまり、アウトライナーで楽にできるようになった。
- ・楽にできるから自然にできる。
- ・これがアウトライナーによる思考の特徴であり、コアだ。

フリーライティングから文章化する

▼図7-14　内容を関連するアウトライン項目の下に移動（グルーピング）

▽アウトライナーのイメージ
　　▽誤解
　　　　・アウトライナー嫌いの人は多いけど、その多くは誤解に基づいている。
　　▽トップダウン思考
　　　　・たとえば、アウトライナーは先にアウトラインを作ってそれに合わせて書くもの、つまりトップダウン的な思考を行うものだという認識に基づくもの。
　　　　・それはつまり書く内容を書く前に考えろということで、そもそも無理なことだ。
　　　　・これは、紙のアウトラインでやっていたことと同じことだ。
　　　　・書く前に考え抜けといわれてもそんなことはできない。
　　　　・どれだけアウトラインを考え抜いても、書き始めれば、そして筆が乗ってくるほど、アウトラインにないことが頭に浮かぶ。
　　　　・それは頭が活性化していることではないのか。
　　　　・アウトラインに合わせて書くということは、活性化した頭に浮かんだことを捨てるということだ。
　　▽ボトムアップ思考
　　　　・もうひとつは、アウトライナーはアイデアをランダムに書き出して整理する発想ツール、つまりボトムアップ的な思考を行うものだという認識に基づくもの。
　　　　・これはある種の発想の整理には役立つが、逆に全体の統一性を取ることが難しくなる。
　　▽間違いではないが……
　　　　・これらの方法が間違いなのかというとそんなことはない。
　　　　・でも、どちらも充分ではない。
　　　　・トップダウンやボトムアップのみでは完結しない。
　　　　・人間の思考はもっと複雑だ。
　　　　・実際に自分だって、トップダウン的なアプローチもボトムアップ的なアプローチも両方使っている。
　　　　・両方というよりも、両者の間を行き来するような使い方をしている。
　　　　・つまり、それが一番自然なのだ。
　　　　・実際、トップダウン的なアプローチ、ボトムアップ的なアプローチいずれか一方でも足りない。充分ではない。
　　　　・その認識だと、アウトライナーの威力の半分も理解できないのではないかという感覚がある。
　　　　・使っていて、どちらか一方で済んでしまう場合って、ネタがかなり単純な場合だけだ。
　　　　・トップダウンもボトムアップも、アウトライナーでの思考のアプローチとして正しい。
　　　　・というか、これ以外のアプローチはないといってもいい。
　　　　・にも関わらず、どちらの認識に人にも「誤解」だと感じてしまう。
　　▽実践では両方を交互に行う
　　　　▽自然に繰り返す

- ・たいていは、両方のアプローチを使う。
- ・同時進行ではなく両者の間を行き来する。
- ・それも、特に意識しないで自然に両方やるようになる。
- ・これを「シェイク」と呼ぶことにする。
- ▽アウトラインにしたがって書く(トップダウン)
  - ・トップダウンは全体の構造。
- ▽書きながら浮かぶアイデアをとらえる(ボトムアップ)
  - ・ボトムアップは、書きながら浮かんでくる細かいランダムな発想。
- ▽アイデアを組み込めるようにアウトラインを変える(トップダウン)
  - ・細かいランダムな発想を受け止めるために、全体の構造を変える。
  - ・細かい発想を全体に戻す。
- ▽繰り返す
  - ・全体の構造を変えて書き始めると、また新たなランダムな発想が浮かぶ。
  - ・その繰り返し。
  - ・両者の間のフィードバック。
  - ・全体と細部の両方に目を配った内容になるということ。
- ▽〈シェイク〉の有効性は昔から指摘
  - ▽新しいことではない
    - ・考えてみると、同じようなことを本で読んだことがある。
    - ・昔からおそらくこのことは理解されていたのだ。
    - ・だから目新しいことではない。
    - ・トップダウンとかボトムアップが分かれていたのは、ツールの制約にすぎない。
  - ▽実践は難しかった
    - ・普通のワープロや紙でトップダウンとボトムアップを行き来するのは大変な手間がかかる。
  - ▽〈シェイク〉を自然に行えるのがアウトライン・プロセッシング
    - ・アウトライナーを使うと、自然にそうなる。
    - ・意識しなくても自然にシェイクが行われている。
    - ・意識せず自然にできるということ。
    - ・つまり、アウトライナーで楽にできるようになった。
    - ・楽にできるから自然にできる。
    - ・これがアウトライナーによる思考の特徴であり、コアだ。
- ▽未使用
  - ・揺さぶると何かが出てくる感じ。
  - ・つまりつまらなくなる。
  - ・アウトライナーで文章を書く作業の実際の例を見ればそれば、シェイクの自然さと、その役割がわかる。
  - ・以前から「シェイク」という表現を使ってきたけど、このことかもしれない。
  - ・全体を細かい発想に戻す。
  - ・でもひとついえることは、アウトライナーの存在でやりやすくなったということ。

▼図7-15　項目移動後のアウトラインを折りたたんでみる（新しい項目ができている）

▽アウトライナーのイメージ
　▷誤解　◀━━━━━━━━━ 新しい項目
　▷トップダウン思考
　▷ボトムアップ思考
　▷間違いではないが……
▽実践では両方を交互に行う
　▷自然に繰り返す　◀━━━━━ 新しい項目
　▷アウトラインにしたがって書く（トップダウン）
　▷書きながら浮かぶアイデアをアウトラインに戻す（ボトムアップ）
　▷アイデアを組み込めるようにアウトラインを変える（トップダウン）
　▷繰り返す
▽〈シェイク〉の有効性は昔から指摘
　▷新しいことではない　◀━━━━ 新しい項目
　▷実践は難しかった
　▷〈シェイク〉を自然に行えるのがアウトライン・プロセッシング
　▷未使用

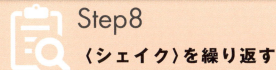

Step8
〈シェイク〉を繰り返す

仮のアウトラインに加筆しながらトップダウン思考(全体の流れを考える)とボトムアップ思考(文章のディテールを考える)を繰り返します。

　文章化を意識しながら入れ替え、加筆、削除などをしつつ断片をつなぎあわせていきます。その過程で新しく思いつくことがあれば書き出します。仮アウトラインにない内容を思いついたら、その場でアウトラインを修正するか、「未使用」にいったん入れておきます。

　不要と思った断片も、その場に「未使用」を作ってどんどん落としていきます(図7-16)。

　ひと区切りしたら「未使用」の中を整理して、本文に組み込めるものがあるか、あるとすればアウトラインをどのように修正すればいいのかを考えます(このときは、1回目のフリーライティングの内容の一部を組み込めることにも気づきました)。この繰り返しが〈シェイク〉です。

　ちなみに、この作業を始めた時点では、〈シェイク〉という言葉を自覚的には使っていませんでした。

　アウトライナーの中でトップダウン思考とボトムアップ思考を行き来することは以前からわかっていましたが、自分の中でそれを〈シェイク〉としてはっきり定義できたのは、まさにこの文章を書く過程でした。

　さらにアウトラインは図7-17から図7-19のように変遷しました(スペースの都合で折りたたんだ状態のアウトラインのみ掲載します)。

▼図7-16　シェイクのプロセス①　※FW＝フリーライティング

▽アウトライナーのイメージ
　▷イメージは人それぞれ　◁── 新しい項目
　▷トップダウン的思考
　▷「アウトライナーは不自由」「しばられる」という感想　◁── FW 1回目より
　▽未使用
　　・それはつまり書く内容を書く前に考えろということで、そもそも無理なことだ。
　　・これは、紙のアウトラインでやっていたことと同じことだ。
　　・書く前に考え抜けといわれてもそんなことはできない。
　　・どれだけアウトラインを考え抜いても、書き始めれば、そして筆が乗ってくるほど、アウトラインにないことが頭に浮かぶ。
　　・それは頭が活性化していることではないのか。
　　・アウトラインに合わせて書くということは、活性化した頭に浮かんだことを捨てるということだ。
　▷ボトムアップ的な認識
　▷「アイデア発想ツール」というイメージ　◁── 新しい項目
　▽未使用
　　・これはある種の発想の整理には役立つが、逆に全体の統一性を取ることが難しくなる。
　▷どちらも間違いではないが充分ではない　◁── 新しい項目
　▷どちらかで完結するものではない　◁── 新しい項目
　▽未使用
　　▽誤解　◁── 移動
　　　・アウトライナー嫌いの人は多いけど、その多くは誤解に基づいている。
▽実践では両方を交互に行う
　▷自然に繰り返す
　▷ランダムな発想を活かして全体を有機的に連結　◁── 新しい項目
　▷まずアウトラインにしたがって書く(トップダウン)
　▷書きながら浮かぶアイデアをとらえる(ボトムアップ)
　▷アイデアを組み込めるようにアウトラインを変える(トップダウン)
　▷繰り返す
▽〈シェイク〉の有効性は昔から指摘
　▷新しいことではない
　▷実践は難しかった
　▷〈シェイク〉を自然に行えるのがアウトライン・プロセッシング
▷未使用

▼図7-17　シェイクのプロセス②

▽アウトライナーのイメージ
　　▷アウトライナーのイメージはひとそれぞれ
　　▷トップダウン的な認識
　　▷「アウトライナーは不自由」「しばられる」という感想
　　▷ボトムアップ的な認識
　　▷「アイデア発想ツール」というイメージ
▽実践では両方を交互に行う(シェイク)
　　▷どちらも間違いではないが充分ではない　←―　移動
　　▷どちらかで完結するものではない　←―　移動
　　▷両者の間を行き来する　←―　新しい項目
　　▷ランダムな発想を活かして全体を有機的に連結
　　▷これをシェイクと呼ぶことにする　←―　新しい項目
▽シェイクのプロセス　←―　新しい項目
　　▷まずアウトラインにしたがって書く(トップダウン)
　　▷書きながら浮かぶアイデアをとらえる(ボトムアップ)
　　▷アイデアを組み込めるようにアウトラインを変える(トップダウン)
　　▷繰り返す
▷意識しなくても自然にやっている　←―　新しい項目
▽〈シェイク〉の有効性は昔から指摘
　　▷新しいことではない
　　▷実践は難しかった
　　▷〈シェイク〉を自然に行えるのがアウトライン・プロセッシング
▷未使用

フリーライティングから文章化する

▼図7-18　シェイクのプロセス③

▽アウトライナーのイメージ
　　▷アウトライナーのイメージはひとそれぞれ
　　▷トップダウン的な認識
　　▷「アウトライナーは不自由」「しばられる」という感想
　　▷ボトムアップ的な認識
　　▷「アイデア発想ツール」というイメージ
▽実践では両方を交互に行う（シェイク）
　　▷どちらも間違いではないが充分ではない
　　▷どちらかで完結するものではない
　　▷両者の間を行き来する
　　▷ランダムな発想を活かして全体を有機的に連結
　　▷これをシェイクと呼ぶことにする
▽シェイクのプロセス
　　▷まずアウトラインにしたがって書く（トップダウン）
　　▷書きながら浮かぶアイデアをとらえる（ボトムアップ）
　　▷「考えてからアウトラインを作れ」は無理　←ー 新しい項目
　　▷「未使用」の中を整理する　←ー 新しい項目
　　▷アウトラインの中に戻す　←ー 新しい項目
　　▷必要ならアウトラインを修正　←ー 新しい項目
　　▷アイデアを組み込めるようにアウトラインを変える（トップダウン）
　　▷繰り返す
　▷意識しなくても自然にやっている
▽〈シェイク〉の有効性
　　▷昔から指摘
　　▷アウトライナー以前は実践は難しかった
　▷〈シェイク〉を自然に行えるのがアウトライン・プロセッシング
　▷未使用

▼図7-19　シェイクのプロセス④

▽アウトライナーのイメージ
　　▷アウトライナーのイメージはひとそれぞれ
　　▷トップダウン的な認識
　　▷「アウトライナーは不自由」「しばられる」という感想
　　▷ボトムアップ的な認識
　　▷「アイデア発想ツール」というイメージ
▽実践では両方を交互に行う（シェイク）
　　▷どちらも間違いではないが充分ではない
　　▷どちらかで完結するものではない
　　▷両者の間を行き来する
　　▷ランダムな発想を活かして全体を有機的に連結
　　▷これをシェイクと呼ぶことにする
▽シェイクのプロセス
　　▷まずアウトラインにしたがって書く（トップダウン）
　　▷「考えてからアウトラインを作れ」は無理　←── 移動
　　▽書きながら浮かぶアイデアをとらえる（ボトムアップ）
　　　　▷予定外のものの受け皿としての「未使用」　←── 新しい項目
　　　　▷「未使用」の中を整理する
　　　　▷アウトラインの中に戻す
　　　　▷ここでの作業はボトムアップ　←── 新しい項目
　　▷アイデアを組み込めるようにアウトラインを変える（トップダウン）
　　▷繰り返す
▽〈シェイク〉の有効性と自然さ
　　▷意識しなくても自然にやっている　←── 移動
　　▷昔から指摘
　　▷アウトライナー以前は実践は難しかった
▷〈シェイク〉を自然に行えるのがアウトライン・プロセッシング
▷未使用

フリーライティングから文章化する　　　255

Step9
アウトラインの引き締め

アウトラインがテーマから外れていないか確認します。

〈シェイク〉を繰り返していると、いつの間にか当初決めたテーマからアウトラインが逸脱していることがあります。

そもそも〈シェイク〉は決められたアウトラインにしばられないための方法なので、当然といえば当然です。しかし、文章そのものの目的から外れてしまっては元も子もありません。

通常、この例のような短い文章ではあまり神経質になる必要はありませんが、念のため確認してみます。

確認の方法は簡単です。Step 4 で作った「書こうとしていること（テーマ）」と、現状のアウトラインを並べて比較してみます（図7-20）。アウトラインを構成する各項目が、滑らかにつながりつつ、テーマと結びついているかをチェックします。

確認の結果、どうやら大幅な逸脱はないようです。

▼図7-20 「テーマ」と現状のアウトラインの比較

テーマ：
**アウトライン・プロセッシングによる思考は、
トップダウン思考とボトムアップ思考を行き来する「シェイク」**

▽アウトライナーのイメージ
　　▷アウトライナーのイメージはひとそれぞれ
　　▷トップダウン的な認識
　　▷「アウトライナーは不自由」「しばられる」という感想
　　▷ボトムアップ的な認識
　　▷「アイデア発想ツール」というイメージ
▽実践では両方を交互に行う（シェイク）
　　▷どちらも間違いではないが充分ではない
　　▷どちらかで完結するものではない
　　▷両者の間を行き来する
　　▷ランダムな発想を活かして全体を有機的に連結
　　▷これをシェイクと呼ぶことにする
▽シェイクのプロセス
　　▷まずアウトラインにしたがって書く（トップダウン）
　　▷「考えてからアウトラインを作れ」は無理
　　▽書きながら浮かぶアイデアをとらえる（ボトムアップ）
　　　　▷予定外のものの受け皿としての「未使用」
　　　　▷「未使用」の中を整理する
　　　　▷アウトラインの中に戻す
　　　　▷ここでの作業はボトムアップ
　　▷アイデアを組み込めるようにアウトラインを変える（トップダウン）
　　▷繰り返す
▽〈シェイク〉の有効性と自然さ
　　▷意識しなくても自然にやっている
　　▷昔から指摘
　　▷アウトライナー以前は実践は難しかった
▷〈シェイク〉を自然に行えるのがアウトライン・プロセッシング
▷未使用

フリーライティングから文章化する

Step 10
アウトラインの固定

問題がなければアウトラインを固定（これ以上大幅な構成の変更をせず、内容の仕上げに入ること）します。

　図7-20のアウトラインの形を見ると、全体として階層の深さと分量のバランスが取れているようです（「シェイクのプロセス」のパートが他のパートよりも1階層深いのが若干気になりますが、内容的には一連の流れでいけそうなので、気にしなくてもいいでしょう）。

　ここでアウトラインを固定して、本文の完成に向かうことにします。アウトラインと同時並行で内容も書かれているので（それが〈シェイク〉です）、この段階ではすべての項目に本文が入っています。「未使用」も含めて全アウトラインを展開し、読みながら文章として整えていきます。細かく改行が入っているので結合し、うまく流れているかどうか確認します。また、この記事は敬体にすることにしたので、語尾も合わせて修正します。

　その結果、図7-21のようになりました。最終的に切り落とされた断片が「未使用」の下に残り、アウトラインに組み込まれた断片はほぼ本文として使える状態になっています。

▼図7-21　固定したアウトライン（すべて展開した状態、結合・語尾調整後）

▽アウトライナーのイメージ
　▽アウトライナーのイメージはひとそれぞれ
　　・アウトライナーのイメージは人それぞれです。
　▽トップダウン的な認識
　　・たとえば「アウトライナーは文章を書く前にアウトラインを作るためのもの」と考える人がいます。つまりトップダウン型です。
　▽「アウトライナーは不自由」「しばられる」という感想
　　・アウトライナー嫌いの人からよく「アウトライナーは不自由な感じがする」「自由に書けない」といわれるのですが、これは（アウトライナーの有無にかかわらず）トップダウン型での文章作成を試みて挫折した経験を持つ人が多いからではないかと推察します。
　▽ボトムアップ的な認識
　　・逆にKJ法やカード法などからの類推で「アウトライナーはアイデアを整理・分類したり組み合わせたりする発想ツール」だととらえる人もいます。
　▽「アイデア発想ツール」というイメージ
　　・アウトライナーの別名である「アイデア・プロセッサー」のイメージから来ているのかもしれません。これはボトムアップ型の考え方です。
▽実践では両方を交互に行う（シェイク）
　▽どちらも間違いではないが充分ではない
　　・どちらも決して間違いではありません。しかし、長文を書く場合などが典型ですが、複雑な考えを形にし、人に伝わるようにアウトプットしようとすると、どちらも充分ではありません。
　▽どちらかで完結するものではない
　　・実際のアウトライン・プロセッシングでは、よほど単純な、あるいは小規模なアウトプットでない限り、トップダウンやボトムアップのみで作業が完結することはありません。人間の思考はもっとずっと複雑です。紙の時代のアウトラインがうまく機能しなかったのはこのためです。
　▽両者の間を行き来する
　　・アウトライナーが使える時代の実践的なアウトライン・プロセッシングは、トップダウンとボトムアップを相互に行き来する形で行われます。
　▽ランダムな発想を活かして全体を有機的に連結
　　・アウトプット（たとえば文章を書くこと）のためには、アイデアや思考の断片を、説得力のある形で、あるいは面白く伝わる形で有機的に連結しなければなりません。トップダウンとボトムアップを行き来することで、それを自然に行えるようになります。
　　・トップダウンでの成果とボトムアップでの成果を相互にフィードバックす

フリーライティングから文章化する

ることで、書きながら浮かんでくるランダムな発想を活かし、有機的に
連結していくのです。
- ▽これをシェイクと呼ぶことにする
  - ・このプロセスを個人的に「シェイク」と呼んでいます。相互に行き来しな
    がら「揺さぶる」からです。
- ▽シェイクのプロセス
  - ▽まずアウトラインにしたがって書く(トップダウン)
    - ・まずトップダウンからスタートしたと仮定しましょう。大項目、中項目、
      小項目の順で書き出し、順番を決め、中身を埋めていったとします。
      でも書いているうちにどうしても当初想定しなかったアイデアが浮かん
      できます。新しいアイデアは、最初のアウトラインには納まりません。
  - ▽「考えてからアウトラインを作れ」は無理
    - ・「そういうことがないようにあらかじめ考え抜いてアウトラインを作れ」と
      いうのが昔ながらのアウトライン作成の考え方ですが、それは無理と
      いうものです。そもそも予定外のアイデアが浮かぶというのは頭が活
      性化している証拠です。その中には価値のあるものが含まれているか
      もしれません。それを許容せず「予定通り」にこだわることは、せっか
      くの宝物を捨てるようなものです。
  - ▽書きながら浮かぶアイデアをとらえる(ボトムアップ)
    - ▽予定外のものの受け皿としての「未使用」
      - ・だから予定外の内容が出てくることをあらかじめ想定しておきま
        す。具体的にはアウトラインの末尾に「未使用」という項目を作っ
        ておきます。新たに思いついたことで既存のアウトラインに納ま
        らない内容は、いったん「未使用」の下に入れておきます。
    - ▽「未使用」の中を整理する
      - ・作業が一段落したら「未使用」の中を整理します。
      - ・アウトラインの中の既存の項目の下に納まりそうな内容であれ
        ば、適切な場所に動かします。既存の項目に納まらず、なお
        かつ残しておきたい内容であれば、「未使用」の下に新しい項目
        を立て、類似の内容を全部その下に入れます。
    - ▽アウトラインの中に戻す
      - ・「未使用」の中でいくつかまとまりができてきたら、既存のアウト
        ラインの中でどこに入れるべきか考えます。
    - ▽ここでの作業はボトムアップ
      - ・お気づきのように、トップダウンで作業を始めたにもかかわらず、
        ここで行っているのはボトムアップの作業そのものです。
  - ▽アイデアを組み込めるようにアウトラインを変える(トップダウン)

- 想定していなかった新しい項目が立ってしまった結果、新しい項目をうまく納めるためにはアウトライン全体の再構成が必要になるかもしれません。そこで新しい項目を前提にアウトラインを組み直します。その過程でまたいくつか新しい項目が立ちます。再構成が一段落したら、新しく立った項目の下に内容を追加します。ここはトップダウンです。
  - ▽繰り返す
    - 以上の作業を繰り返すことで、アウトラインは成長していきます。
- ▽〈シェイク〉の有効性と自然さ
  - ▽意識しなくても自然にやっている
    - 実際には、アウトライナーに慣れてくれば、特に意識しなくても自然にトップダウンとボトムアップを行き来するようになります。そのほうが圧倒的に自然で効率的だからです。
    - この「自然に」というところがポイントです。トップダウンとボトムアップを行き来するというのは、おそらく思考の自然な動きにかなっています。
  - ▽昔から指摘
    - 実はトップダウンとボトムアップを行き来することの有効性は、紙の時代から知られていたことです。
  - ▽アウトライナー以前は実践は難しかった
    - しかしそれはカードやバインダーを使った大変煩雑な作業でした。規模が大きくなれば物理的に不可能でした。
    - ワープロやパソコンが普及してかなり楽にはなりましたが、それでも長大な文章を書きながら、カット&ペーストで編集し、本文と平行してアウトラインを書き換えていく作業は、大変な時間と労力と根気を必要とします。
  - ▽〈シェイク〉を自然に行えるのがアウトライン・プロセッシング
    - しかし、アウトライナーを使っていればほとんど意識せず実行できます。アウトライナーの基本機能（アウトライン表示、アウトラインの折りたたみ、アウトラインの入れ替え）が、作業を劇的に省力化してくれるからです。意識せず自然にできることに意味があるのです。「シェイク」はアウトライナーによって誰にでも実行できる実用的なテクニックになったのです。
- ▽未使用
  - ▽未使用
    - これはある種の発想の整理には役立つが、逆に全体の統一性を取ることが難しくなる。
  - ▽未使用
    - にも関わらず、どちらの認識に人にも「誤解」だと感じてしまう。
    - アウトライナー嫌いの人は多いけど、その多くは誤解に基づいている。
    - つまりつまらなくなる。

・アウトライナーで文章を書く作業の実際の例を見れば、シェイクの自然
　さと、その役割がわかる。
・全体を細かい発想に戻す。
・でもひとついえることは、アウトライナーの存在でやりやすくなったという
　こと。

Step11
本文の完成

仮見出しを外し、文章としてスムーズに流れているかをチェックして完成です。

　アウトラインをエディタに貼り付け、最初から読みながら、仮見出しを外していきます。見出しを外すとまた印象が変わるので、もしうまく流れていないところがあれば修正します。もっと規模が大きい文章であれば、気に入らず再びアウトラインに戻るようなこともありますが、今回は文章量も少ないので、そのまますんなりと文章化できました。エディタで句読点や改行を整えれば完成です。

▼図7-22　完成した記事

■トップダウンとボトムアップをシェイクする

アウトライナーのイメージは人それぞれです。

たとえば「アウトライナーは文章を書く前にアウトラインを作るためのもの」と考える人がいます。つまりトップダウン型です。

アウトライナー嫌いの人からよく「アウトライナーは不自由な感じがする」「自由に書けない」といわれるのですが、これは（アウトライナーの有無にかかわらず）トップダウン型での文章作成を試みて挫折した経験を持つ人が多いからではないかと推察します。

逆にKJ法やカード法などからの類推で「アウトライナーはアイデアを整理・分類したり組み合わせたりする発想ツール」だととらえる人もいます。アウトライナーの別名である「アイデア・プロセッサー」のイメージから来ているのかもしれません。これはボトムアップ型の考え方です。

どちらも決して間違いではありません。しかし、長文を書く場合などが典型ですが、複雑な考えを形にし、人に伝わるようにアウトプットしようとすると、どちらも充分ではありません。

フリーライティングから文章化する

実際のアウトライン・プロセッシングでは、よほど単純な、あるいは小規模なアウトプットでない限り、トップダウンやボトムアップのみで作業が完結することはありません。人間の思考はもっとずっと複雑です。紙の時代のアウトラインがうまく機能しなかったのはこのためです。

アウトライナーが使える時代の実践的なアウトライン・プロセッシングは、トップダウンとボトムアップを相互に行き来する形で行われます。

アウトプット（たとえば文章を書くこと）のためには、アイデアや思考の断片を、説得力のある形で、あるいは面白く伝わる形で有機的に連結しなければなりません。トップダウンとボトムアップを行き来することで、それを自然に行えるようになります。

トップダウンでの成果とボトムアップでの成果を相互にフィードバックすることで、書きながら浮かんでくるランダムな発想を活かし、有機的に連結していくのです。

このプロセスを個人的に「シェイク」と呼んでいます。相互に行き来しながら「揺さぶる」からです。

まずトップダウンからスタートしたと仮定しましょう。大項目、中項目、小項目の順で書き出し、順番を決め、中身を埋めていったとします。でも書いているうちにどうしても当初想定しなかったアイデアが浮かんできます。新しいアイデアは、最初のアウトラインには納まりません。

「そういうことがないようにあらかじめ考え抜いてアウトラインを作れ」というのが昔ながらのアウトライン作成の考え方ですが、それは無理というものです。そもそも予定外のアイデアが浮かぶというのは頭が活性化している証拠です。その中には価値のあるものが含まれているかもしれません。それを許容せず「予定通り」にこだわることは、せっかくの宝物を捨てるようなものです。

だから予定外の内容が出てくることをあらかじめ想定しておきます。具体的にはアウトラインの末尾に「未使用」という項目を作っておきます。新たに思いついたことで既存のアウトラインに納まらない内容は、いったん「未使用」の下に入れておきます。

作業が一段落したら「未使用」の中を整理します。

アウトラインの中の既存に項目の下に納まりそうな内容であれば、適切な場所に動かします。既存の項目に納まらず、なおかつ残しておきたい内容であれば、「未使用」の下に新しい項目を立て、類似の内容を全部その下に入れます。「未使用」の中でいくつかまとまりができてきたら、既存のアウトラインの中でどこに入れるべきか考えます。

お気づきのように、トップダウンで作業を始めたにもかかわらず、ここで行っているのはボトムアップの作業そのものです。

想定していなかった新しい項目が立ってしまった結果、新しい項目をうまく納めるためにはアウトライン全体の再構成が必要になるかもしれません。そこで新しい項目を前提にアウトラインを組み直します。その過程でまたいくつか新しい項目が立ちます。再構成が一段落したら、新しく立った項目の下に内容を追加します。ここはトップダウンです。

以上の作業を繰り返すことで、アウトラインは成長していきます。

実際には、アウトライナーに慣れてくれば、特に意識しなくても自然にトップダウンとボトムアップを行き来するようになります。そのほうが圧倒的に自然で効率的だからです。

この「自然に」というところがポイントです。トップダウンとボトムアップを行き来するというのは、おそらく思考の自然な動きにかなっています。

実はトップダウンとボトムアップを行き来することの有効性は、紙の時代から知られていたことです。しかしそれはカードやバインダーを使った大変煩雑な作業でした。規模が大きくなれば物理的に不可能でした。

ワープロやパソコンが普及してかなり楽にはなりましたが、それでも長大な文章を書きながら、カット&ペーストで編集し、本文と平行してアウトラインを書き換えていく作業は、大変な時間と労力と根気を必要とします。

しかし、アウトライナーを使っていればほとんど意識せず実行できます。アウトライナーの基本機能（アウトライン表示、アウトラインの折りたたみ、アウトラインの入れ替え）が、作業を劇的に省力化してくれるからです。意識せず自然にできることに意味があるのです。「シェイク」はアウトライナーによって誰にでも実行できる実用的なテクニックになったのです。

ここで作成した文章について

この程度の長さ（2000字強）の文章を書くための方法としては、いささか大げさで冗長に感じられたかもしれません。私自身も普段、ブログを書くためにここまではやりません（本来はもっと長い文章を書くための方法です）。

フリーライティングからのアウトライン・プロセッシングは、アイデアを育てて文章化していく上で非常に強力な手法ですが、ここで紹介したStep 1 からStep11のプロセスを厳密に実行しなければならないというわけではありません。

特に短い文章の場合、フリーライティングをしているうちに全体像が理解できて、そのまま「書けてしまう」こともあるでしょう。もちろんそれで全くかまいません。

しかし、この作業をしたときは、アウトライン・プロセッシングの本質について漠然としたイメージがありながらどうしてもうまく言葉にできず、敢えてやってみました。

結果として〈シェイク〉という概念をはっきりとらえることができたと思います。

〈シェイク〉は本書の核になっていますが、実はここで紹介した作業を経るまでは、はっきりとした定義ができていませんでした。今〈シェイク〉と呼んでいる方法自体は以前から行っていましたし、〈シェイク〉という言葉を使うこともあったのですが、その結びつきがきちんと意識できていなかったのです。

それがまさに〈シェイク〉なのだということに、フリーライティングの途中で思い当たりました（そしてその過程自体がフリーライティングの中に書かれています）。これはなかなか大きな経験でした。「アイデア・プロセッサー」としてのアウトライナーを実感した瞬間です。

ここで作成した文章は、まず「トップダウンとボトムアップを〈シェ

イク〉する（1）」、「同（2）」というタイトルでブログ「Word Piece」に公開され、その後形を変えて電子書籍『アウトライン・プロセッシング入門』に組み込まれました。本書Part 1とPart 2の中にも残っています。また「未使用」に入ったまま本文に組み込まれなかった断片の一部も、別の部分に活かされています。

おわりに

　本書では、アウトライナーを「アウトラインを利用して〈文章を書き、考える〉ためのソフト」、アウトライン・プロセッシングを「アウトラインを利用して〈文章を書き、考える〉こと」と定義し、その技法や背景にある考え方についてお話ししてきました。
「文章を書く」とか「考える」などというと、いわゆる「知的生産」をイメージするかもしれません。もちろんそれも含んでいますが、本書をお読みいただいた方なら、それが生活全体に関わる広さと深さを持つものであることを感じていただけたと思います（いや、本当は「知的生産」自体が生活全体に関わる広さと深さを持っているはずなのです）。
　アウトライナー、そしてアウトライン・プロセッシングの可能性は無限です。本書で紹介したさまざまな技法や考え方も、そのほんの一部にすぎません。使い方は、ユーザーの数だけあるはずです。〈文章を書き、考える〉ことほど個人的なことはないからです。ぜひ「自分のやり方」を考えてみてください。

　私は子供のころから作文がとても苦手でした。文章を書くこと自体は好きなのですが、いくら書いても拡散するばかりで、始まりがあって終わりがあるまとまった内容を組み立てることができないのです。「きちんと考えてから書け」といわれても、考えた通りに書くことができません。そして「きちんと考え」ようとするほど、文章を書くという行為そのものが不自由で色あせたものに思えてきました。大人になってからもそれは変わりませんでした。
　だからこそ、MOREやActaなど初期のアウトライナーたちとの出会いは衝撃的でした。「書いてから考える」「書きながら考える」ことができたからです。それは本当に自由で素敵なことでした。2008年から個人サイトやブログに書き続けてきたアウトライナー関連記事の根底には、

そのときの感激と興奮があります。

　そのエッセンスを一冊に凝縮した電子書籍『アウトライン・プロセッシング入門』は、幸いなことに予想をはるかに超える数の方に手に取って（？）いただくことができました。それは嬉しくありがたいことであると同時に、驚きでもありました。本書の冒頭にも書いたように、アウトライナーは多くの人の役に立つにもかかわらず、驚くほど知られていない、または誤解されているソフトです。ひと言でいうとニッチなソフトなのです。

　でも、私自身がそうであるように、アウトライナー、そしてアウトライン・プロセッシングを必要としている人が、実はたくさん存在していることを私は知っています。そんな人たちにとって、本書が入り口になることを願っています。

　最後になりましたが、Twitterやリアルでの会話を通じて知的刺激とインスピレーションと勇気と笑いをくれたみなさんとのやり取りがなければ、本書は存在していません。ありがとうございました。そしてこれからもよろしくお願いします。

　多忙の中、インタビューに答えてくださった倉下忠憲さんと横田明美さん、ありがとうございました。おふたりの（私とは違う）考え方と実践は、本書に一層の深みを与えてくれたと思います。

　そして最後の最後に。本を書くだけでない、いろんなしんどいことを共に乗り切ってくれている（進行形）妻のTomo.さんに、心から感謝します。

2016年6月　Tak.

リーディングリスト

本文中で引用・言及した本 　（本文登場順）※現在入手困難なものも含みます。

- Nancy White. 2003. Writing Power Third Edition: Kaplan Publishing.
- Maria Langer.1995.The Macintosh Bible guide to Word 6: Peachpit Press.
- 彩郎著『クラウド時代の思考ツールWorkFlowy入門』（インプレスR&D）、2016年
- 澤田昭夫著『論文の書き方』講談社、1977年
- 倉下忠憲著『Evernoteとアナログノートによるハイブリッド発想術』技術評論社、2012年
- 倉下忠憲著『KDPではじめるセルフ・パブリッシング』C&R研究所、2014年
- 中野明著『マック企画大全　ホワイトカラーの仕事革命』日経BP社、1996年
- 中野明著『プロが教えるOffice98スーパーテクニック』日経BP社、1998年
- 木村泉著『ワープロ作文技術』岩波書店、1993年
- 野口悠紀雄著『「超」整理法3―とりあえず捨てる技術』中央公論社、1999年
- 渡部昇一著『知的生活の方法』講談社、1976年
- 奥出直人著『思考のエンジン』青土社、1991年
- 奥出直人著『物書きがコンピュータに出会うとき』河出書房新社、1990年
- スティーブン・R・コヴィー著、ジェームズ・スキナー／川西茂翻訳『7つの習慣』キング・ベアー出版、1996年
- 野口悠紀雄著『「超」整理法――情報検索と発想の新システム』中央公論社、1993年
- 戸田山和久著『新版　論文の教室　レポートから卒論まで』日本放送出版協会、2012年

アウトライナーについて理解が深まるその他の本　（発行年順）※現在入手困難なものも含みます。

- いがらしみきお、岩谷宏、桝山寛、志賀隆生、津野海太郎、松岡裕典、室井尚、小坂修平、奥出直人、橋田浩一　共著『パソコンを思想する―社会的・哲学的側面からの考察』翔泳社、1990年
- ワードクラフト（編）『マックのアイデア発想法』毎日コミュニケーションズ、1994年

- 山名一郎著『マックユーザーのための「知」のコンピュータ活用術』東洋経済新報社、1995年
- 中尾浩著『文科系のパソコン技術』中央公論社、1996年
- Jonathan Price.1999. Outlining Goes Electronic: Ablex Publishing Corporation.
- 中野明著『書くためのパソコン』PHP研究所、2000年
- 中野明著『論理的に思考する技術―みるみる企画力が高まる「アウトライン発想法」』PHP研究所、2003年

本文中で引用・言及したWEB上の情報　（本文登場順）

- go fujita さんのウェブサイト（アウトライナー関連ページ）
  http://gofujita.net/outliners.html
- 彩郎さんのブログ「単純作業に心を込めて」
  www.tjsg-kokoro.com/
- るうさんのブログ「るうマニアSIDE-B」より「MSWordをプロセス型アウトライナーとして使う」：
  http://ruumania.tumblr.com/post/119675281525/mswordをプロセス型アウトライナーとして使う

アウトライナーについて理解が深まるその他のウェブサイト

- 「R-style」　倉下忠憲さんのブログ
  http://rashita.net/blog/
- 「Scripting News」デイブ・ワイナーのブログ
  http://scripting.com
- 「Outliners.com」デイブ・ワイナーによる初期のアウトライナーの紹介サイト
  http://outliners.scripting.com

リーディングリスト

著者紹介

Tak.（たく）

1968年11月生まれ。横浜市在住。

マーケティング関連の仕事を経て、現在フリーのライター／リサーチャー。海外ブログの翻訳も行う。

学生時代からアウトライナーの可能性と奥深さに惹かれ、公私にヘビーに使用するとともに海外のものも含め関連資料を読みあさる。2008年より、個人ホームページ及びブログでアウトライナーの活用テクニックや思想、アウトライナーに関わる個人的体験を公開し始める。

2015年、それまでに公開した記事をまとめて大幅に加筆した電子書籍『アウトライン・プロセッシング入門』を出版。知的生産やライフハックに興味を持つ人々の間で話題となり、Amazonの「Kindle ストア 有料タイトル」ランキングで総合1位を記録。

現在も本業の傍らブログ及びTwitterでアウトライナー関連の情報を発信し続けている。

Twitter：@takwordpiece
ブログ：Word Piece ■ http://takpluspluslog.blog.so-net.ne.jp
個人ホームページ：Renji Talk ■ http://www012.upp.so-net.ne.jp/renjitalk/

アウトライナー実践入門
「書く・考える・生活する」
創造的アウトライン・プロセッシングの技術

2016年8月15日　初版　第1刷発行

著　者	Tak.
発行者	片岡 巌
発行所	株式会社技術評論社
	東京都新宿区市谷左内町21-13
	電話　03-3513-6150　販売促進部
	03-3513-6166　書籍編集部
印刷／製本	港北出版印刷株式会社

カバーデザイン
藤井耕志(Re:D)

カバー写真
scibak／gettyimages

本文デザイン＋レイアウト
矢野のり子＋島津デザイン事務所

定価はカバーに表示してあります。

本書の一部または全部を著作権法の定める範囲を超え、無断で複写、複製、転載、テープ化、ファイルに落とすことを禁じます。

ⓒ2016　Tak.

造本には細心の注意を払っておりますが、万一、乱丁（ページの乱れ）や落丁（ページの抜け）がございましたら、小社販売促進部までお送りください。送料小社負担にてお取り替えいたします。

ISBN978-4-7741-8285-8　C3055
Printed in Japan

本書の内容に関するご質問は封書もしくはFAXでお願いいたします。弊社のウェブサイト上にも質問用のフォームを用意しております。

〒162-0846
東京都新宿区市谷左内町21-13
(株)技術評論社　書籍編集部
『アウトライナー実践入門』質問係
FAX…03-3513-6183
Web…http://gihyo.jp/book/2016/978-4-7741-8285-8